七転八倒百姓記

地域を創るタスキ渡し

菅野芳秀

現代書館

はじめに

私は代々続く小さな農家の後継者として生まれた。

農村は遅れた地域なのではなく、土、食、いのちとの最も理想的関係を築くことができる良質な可能性に満ちているところ。だからこそ田舎の「出世」は都会になることではない。堂々たる田舎になることだ。

かつて私はそれに気づくことができず、ただ田舎を「遅れた地域」としてしか捉えることができず、そこから逃げたい、農業から逃げたいと一途に思っていた。コンプレックスにまみれていた二五歳の春。沖縄での体験を契機にして、これが一八〇度変わる。

「逃げ出したいと思った地域を逃げ出さなくてもいい地域に。そこでいつまでも暮らしたいと思う堂々たる田舎へ！」。この文脈の中で生きていくことが、これから始まる私の人生だと考えるに至り、山形の一人の百姓となった。

春から秋までは田んぼに立ち、冬は村の人たちと一緒にスコップを持ち建設現場で働く。逃げたいと思った原点に立ち返り、人生をやり直す。こんなスタートだった。

以来、今日まで、百姓として農作業の傍ら地域（づくり）に没頭してきた。もちろん私一人ではできないし、一代でできる話でもない。でも、肝心なのはできるかできないかではない。生き方だ。どんな歩みを重ねていくかだ。私は結果をあまり考えずに、ただ自分で決めた方向を歩み続けてきた。到達点、ゴールなどは初めからない。堂々たる田舎へ……これが実際にはどんな世界かは自分で想定し、目標を定めていくしかない。永遠にこんなプロセスが続くだけの道。何だか、今さらながら、かなりくたびれる道を選んだものだとも思う。

減反（コメの生産調整）に反対して半ば村八分になったときもあった。村ぐるみの減農薬運動を広げ、水田の農薬空中散布を止めたり、レインボープランという生ゴミと健康な作物が地域を循環するまちづくりを進めたり、最近では地域自給圏を創ろうと、その推進運動を展開したり……と農民としてさまざまな取り組みを行ってきた。


農業から逃げ出そうとしていた青年期。

農村に戻り百姓として生きようとした二〇代。

そして百姓として地域を変えようと奮闘した今日まで。

この本は、私の「七転八倒記」である。

今、農業という限定された世界だけでなく、地域や職場で、志をもちながら、青息吐息で歩み続けている「仲間」たちに広くこの本を読んでもらえたらうれしい。もちろん、農民志願、農村暮らしを考えている青年たちにも届けることができたらとも思う。

目次

序章　みんなでなるべぇ柿の種

「柿の種の菅野」

私は友人たちからよく「柿の種の菅野だから……」とからかわれることがある。その訳は、ずいぶん前から機会あるごとに「みんなでなるべぇ柿の種」と言ってきたからだ。それだけならば何のことだか分からない。その意味するところを説明するには、山形の秋の風景から語らなければならない。

山形の農村の秋はカラフルだ。彩《いろどり》豊かな風景が広がっている。山々は鮮やかに紅葉し、農家の庭先の柿やリンゴも色づき、うまそうにぶら下がっている。

しかし話は、そこからさらに進んだ晩秋の村の風景だ。すでに山々の枯葉も落ちて、村を飾った紅葉も今はない。もうじきやってくる冬を待つだけの、色合いを無くしたくすんだ風景の中にひときわ目立っているのは、あっちこっちの民家の庭先に取り残された真っ赤な柿の実。熟れて今にも落ちそうな柿の実だ。

その柿の実に今の気持ちを尋ねたらどんな答えが返ってくるか？　時々こんな空想にふけることができるのも、自然の移り変わりに身を置いて暮らしている百姓の故だろう。

想像するに「私には希望がない」、「もうあきらめているよ」という「ため息」交じりの声が聞こえてきそうだ。

次に、柿の実の中の種に同じ質問をぶつけてみる。今度はきっと「ようやく私たちの時代がやってくる」、「さあ、準備はできた」という「希望」を伴った答えが返ってくるに違いない。

落ちる実の「ため息」と種の「希望」と。同じ柿の中に二つの物語が存在する。一方は腐朽に、他方は芽生える準備に。それぞれの道をたどりながら、全体としての様相を変えてゆく。季節の転換期。いのちの交代期。これは古いモノサシ（価値）と新しいモノサシ（価値）との交代でもある。

今、目を我々の現実社会に移してみよう。随所に古いモノサシのほころびが見える。新しいモノサシを伴った胎動が見える。柿の実の視点から今の時代の絶望を語ることも、柿の種の観点から希望を語ることもできよう。両方とも「現実」に根差してはいる。だがどちらの立場に身を置くか。これによって見える風景が全く違ってくる。両者の隔たりは大きい。そこで大事なのは、何が「柿の実」であり、何が「柿の種」なのかを一つひとつ見極めながら、現実にきちんと対応していくことだ。自分（たち）も一つの「柿の種」となって現実社会に参加していこうとすること。これが転換期においては決定的に大事だと思っている。だからこそ私は「みんなでなるべぇ柿の種」と言い続けてきた。これが「柿の種の菅野」の所以だ。

改めていえば、私は、山形県は置賜《おきたま》地方の田舎町、長井市で暮らす百姓だ。置賜地方というのは山形県の内陸部南部を指す地方名。山形県を紹介したある冊子には以下のように書いてある。「江戸時代を通じて、上杉氏の米沢藩がほぼ全域を領有したため、独特の郷土料理や方言などの藩政文化が育まれた。

堂々たる田舎町を目指して思いを重ねた長井市

山形県内は、自然障壁が多く、多数の藩に分かれていたため、地域によって異なる文化をもっており、現在も県内を四つの地方に分割して支庁を置いている。そのうちの一つが置賜地方」。

我が家の後ろには朝日連峰が連なり、前には広々とした水田が広がっている。山があって村があって、水田がある。絵に描いたような穀倉地帯の農村風景だ。

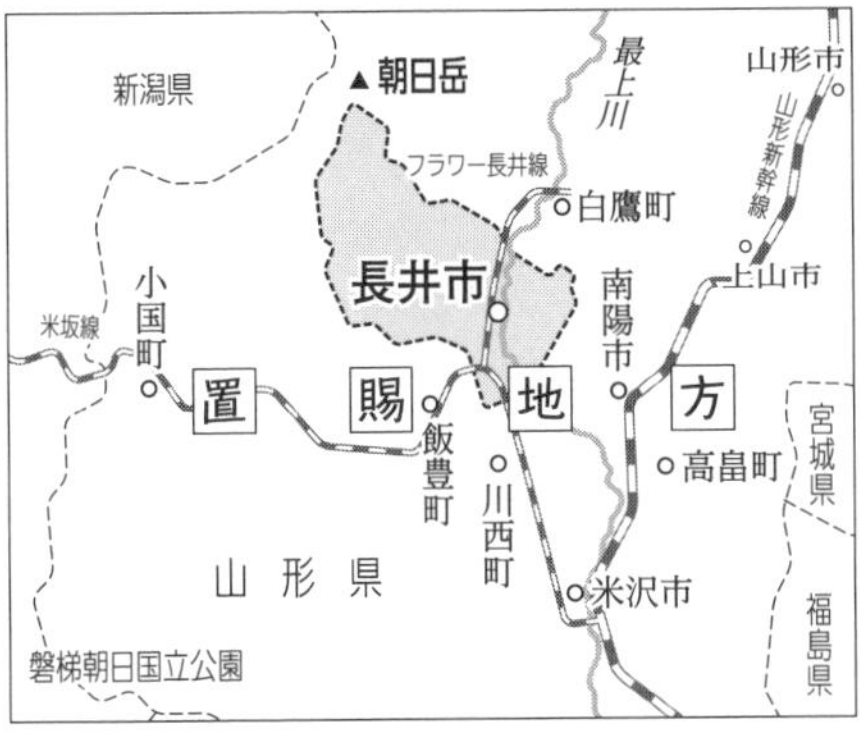

私は一九一センチ、一〇〇キロを超える大男で、長井市に入ったならば、「この辺で百姓やっている大男の家はどこだ?」と尋ねればすぐに分かるはずだ。見上げるような体軀にひげ面。櫛など入れたことがないようなボサボサ頭。

近頃ではハゲが目立ち、風貌もくたびれてはきたが、まだ現役の百姓だ。

分家した農家の三代目として二六歳で家業を継ぎ、今は息子と二人でやっている。今、農作業の中心は息子だ。タスキは息子に引き継いでいる。やっている農業は水田四・三ヘクタールと一、〇〇〇羽の自然養鶏。それに一ヘクタール余の大豆畑だ。畑の肥料は鶏たちの醱酵鶏糞を基にしており、鶏たちのエサは田んぼのクズ米や畑の余った野菜や草を与えている。このように田畑とニワトリたちとの循環の関係を大事にしている。「菅野農園」のキャッチコピーは「土といのちとの循環の下に」というものだ。

こんなふうに我が農業を紹介すれば「私はどこにいるの？」と女房がかみついてくるので強調しておきたいが、彼女は主に自給畑を担当していて、年じゅう新鮮な野菜を食べることができるのはその労働あってのことである。

第一章　農家に生まれたことが辛かった一〇代の頃

分家三代の農家に生まれて

子どもの頃、父親によく「お前は農業を継ぐんだぞぉ」と言われたものだ。「うん」と言えば父の機嫌が良く、それが子ども心にもうれしくて聞かれるたびに「うん」を繰り返していた。それが「うん」ではなくなったのは中学生の頃。やがて進路に合わせて高校を選び取らなければならなくなったあたりからだった。決定的だったのは、近所に住む同級生で公務員を父にもつ友人の家庭との比較から生まれた気づき。大きくいえば時代環境もあったと思う。

一九六四年の東京オリンピック開催が中学三年生の時だったから、中学一～二年生の頃はオリンピック景気に沸き、高度経済成長が始まろうとしていた。農業、農村では一九六一年に「農業基本法」が制定され、機械化、大規模化、化学化、単作化を進める農業政策が始まり、あわせて農村の余剰労働力を都会へと移動させる政策がさまざまな形をとって進められていた。

ラジオやテレビを通して東京の華やかな文化が家庭に入ってくる。都会を舞台にした歌やドラマの数々。一生この地で農業をして暮らさなければならない身からすれば、その華やかさがとても恨めしく思えた。

中学の授業で習う日本史がさらにそれをあと押しする。

その頃学校で習った日本史は都《みやこ》の政権交代史で、奈良、京都、江戸、東京……以外には歴史は無いかのごとくだった。日本の各地に住む人々がどのように暮らしていたかはほとんど書かれていない。今でもそれはたいして変わらないと思うが、東北の場合はさらにひどく、奈良、京都の時代には「蝦《え》夷《ぞ》」と呼ばれて野蛮人としてさげすまれ、征「夷」大将軍となった坂上田村麿が蝦夷地を征伐すべく東北に向かったとあるように、この地が歴史に登場するのは、一方的に征伐されるときだけだった。蝦夷（東北）が何か悪いことをしたのか。たぶんそこで暮らしていただけなのではなかったのか。「○○年、源義家が陸奥守となって東北に……」。そんな歴史を生徒の前で機械的に話していく教師は、生徒がそれらをどう受け止め、どう考えるかなどには一切気に留めているふうではなかったし、考えもしなかったに違いない。

批判力の未熟な中学生にあっては……と一般化していいか分からないが、少なくとも私の場合は、日本史を習えば習うほど、自分が住む地域に誇りをもてなくなっていった。

話は戻る。私は古農から分家した三代目の農家の跡取りとして生まれ、「いずれ百姓として家を継ぐもの」という「常識」の中で育てられた。米作りと養蚕が中心の村で、我が家もその中の一戸。みんなが専業農家だ。専業農家といえば聞こえがいいが、農村の近くに兼業先（勤め先）ができるのは、まだまだ時代が進んでからのこと。専業農家などという言葉も生まれていない。誰もが農業だけで生きていかざるを得ない時代のことだ。だいたい貧しいのはみんなが一緒だったから、そこに不平等感や不幸を感じることはなかったと思う。私においてそれが一変したのは前に触れたように、近所の駐在所に同級生が引っ越してきてからだ。

村の中でいち早くテレビを買い、日曜日には家族でよくバドミントンをやっていた。母親は社交的な明るい人で顔に化粧を施し、口紅をさしていた。友人は毎月『中学時代』などの学習雑誌をとっていて、よく付録についていた問題集をやっていた。誕生日にはテープレコーダーを買ってもらい、私たちの声を吹き込んで楽しませてくれた。つまり私たちが持っていないものをほとんど持っている、絵に描いたような幸せな家庭に見えた。

それに比べて我が家は、テレビや電化製品の類は何もない。両親は土曜も日曜もなく、朝から晩まで泥虫のようになって働いていた。母親が田んぼに這いつくばって草を取る姿は毎日のように見ても、化粧した姿などは全く見ることができなかったし、化粧品などは何も持っていなかったと思う。村の人みんながそうだった。

極め付きは食事。たぶん何かの記念日だったのだろうが、友人の夕方の食卓に刺身が出ていた。テレビを見にきた子どもらが、いつまでも帰らないからと、かまわずに食卓の準備を始めたのだろうが、刺身が並んでいるその光景が今でも忘れられない。村じゅう探しても冷蔵庫なんてなかったから、刺身なんてない。見たのも初めてのことだった。「あれが刺身かぁ！」。我が家の食事との大きな違いにショックを受けて帰ってきた。

これらが他との比較で、農民という暮らしの社会的位置を知った最初の光景だった。この差はどこから来るんだ？　両親が怠けているわけではないことは誰よりもよく知っている。この不平等感。友人の家庭を通して初めて社会に目が開かれた。

百姓になるということは、今目の前にある両親の暮らしをそのままなぞっていくということだ。農業を継ぐことは両親と共に田んぼに這いつくばることだ。ただそれだけ。すでにそこに夢や希望を見つけることができなくなっていた。いつしか、農村に留まること、農家を継ぐこと、百姓になることが人生の絶望を意味し、そこから抜け出ていくことで希望が始まると思うようになっていた。

農業高校か普通高校か

中学三年生になれば、進路が問われる。農業高校か普通高校か。当時はどんなに成績が良くても農家の跡取りは農業高校に行くのが一般的だった。もとよりそれほど優秀ではなかった私にとって、父親の農業高校に行けという言葉には有無を言わせぬ力があった。

「芳秀は家を継ぐと言っているよ。ただこの先、百姓はどうなるか分からないから普通高校にやったらどうだ?」という母親の主張に救われて、ようやく普通高校に入学することができたが、そのとき父親が出した条件は「卒業したら必ず家業の農業を継ぐこと。そのために卒業後は宮城県の〇〇農場に行って修業すること」だった。これはいったん条件をのまざるを得ない。三年間の猶予ができたが、農業から抜け出ていく道はふさがれたまま。その先が無かった。

私には六歳上に兄がいる。兄の父親は戦死し、家を守るために母親はその弟と結婚し、私と妹が生まれた。戦時中よくあった話だという。兄は成績が良く、兄の大学への進学は父親だけでなく父親の兄妹を含む、親戚みんなの願いでもあった。やがて兄が大学に入学し、父は兄の学費を稼ぐために、冬季間の出稼ぎに行くようになっていた。私が高校を卒業するのは兄が大学を卒業してから二年後のこと。私にも大学への道が開かれるかもしれない。しかしそんな淡い期待も兄の度重なる留年であっさり無くなった。頭に包帯を巻いて帰ってきたこともあり、帰れば私を相手に世の中のこと、政治のこと、学生運動のことなど熱を込めて話していたから、留年はその運動に夢中になっていたせいなのだろうと思うが、私は父親たちのため息を違った形で受け止めていた。私ももうじき高校三年。そしてすぐ卒業だ。兄の学資を払い続けている父親に私も大学に行きたいとはとても言い出せなかった。

卒業すれば農業が待っている。どうせ農業をするのだから、英語や三角関数を勉強したとて何の役に立つのか。高校での授業には全く関心がもてず、さっぱり身が入らない。そんな状態がそのまま人生へのあきらめにもつながっていた。

ところが、こんな私にも大学への道があるのだと小躍りするような世界に出会えたのは高校三年生になる直前の三月のことだった。何気なく新聞をめくっていた私の目に、「朝日新聞奨学生募集」という囲み広告が飛び込んできた。四年間新聞を配れば、必要な授業料、初年度納入金など大学に通ううえで必要な学資のほとんどが免除される。また、その間、衣食住も保障されると書かれていた。条件は東京の新聞配達店に住み込んでの朝刊・夕刊の配達と集金業務。えっ、本当か！　何度も読み返した。この私でも大学に行けるかもしれない！　細い道だがここを通る以外に大学への道が無い。父親を説得した。学資は出してもらわなくてもいい。自分で行く。四年間私を自由にしてくれないかと。父親は最後には承諾してくれた。道がつながる。それを許してくれた両親に今でも感謝している。

さて、私は高校一年からの勉強をやり直した。入学試験は来年の二月。この時点から一〇カ月後。

浪人する時間的、経済的余裕はなく、現役で入学を果たさなければならない。それも新聞配達ができる首都圏で。目標とする学部は農学部と決めた。必ずしも行きたい学部ではなかったが、両親との妥協点だった。この条件で今から勉強を始めて入れる大学はそう多くはない。どうせ将来は農業だからと、それまでほとんど使わず、さび付くままにしていた私の記憶装置は、ギシギシいいながら動き始めた。わずか一〇カ月とはいえ、ここから先の一〇カ月は、この上なく苦しい一〇カ月。希望に向けての必死の一〇カ月だった。

翌年の二月、目標にしていた明治大学農学部に合格する。

四年間の猶予――新聞配達で大学へ

わずかな荷物を持って上京した。駅のホームでさまざまな人とすれ違う。ぶつかる。

「今、俺は東京の人たちに物理的に影響を与えている」。それがうれしい。私も東京の人になったのだ。駅の混雑もこんなふうに受け止めていた。

着いたところは大田区池上。東急池上線の池上駅にほど近い朝日新聞池上専売所。通う大学は小田急線の生田駅を降りて一五分ほど歩いたところにあり、片道一時間半はゆうにかかる距離だ。おそらく販売店への配属にあたった朝日新聞の担当者が、明治大学だから御茶ノ水だろうと単純に思ってのことに違いない。農学部は工学部とともに神奈川県の多摩地区にあり、その生田校舎で四年間を過ごす。本校のある神田にはほとんど行かない。毎日通う校舎まで往復三時間はあまりにも遠い距離だ。だけど、それすら気にならなかった。

四月。早朝の四時。一八歳の私は、自転車に二七〇部ほどの新聞を積み、まだ暗い東京の住宅街を走っていた。途中で自転車を止め、新聞をひとかかえ持っては路地から路地を抜け、階段をかけ上がり、ハッハッハッと息をはずませ、配ってまわる。まだ日が昇らない暗い家並みの中に「沈丁花」の香りが漂っていた。

朝刊と夕刊の間に大学に通い、日曜日は集金で終わる、そんな日々の始まり。新聞店の二階の作業所に作られた二段ベッドの一つが私の部屋。作業所とはカーテンで仕切られた一畳半。その中に小さな机を置いて本を読み、机の下に足を突っ込んで寝る。汚れた窓を開ければ、三〇センチも離れていないところに隣の飲み屋の排気口があって、絶えず焼き鳥を焼く黒い煙が吐き出されていた。

それでも東京の一つひとつの風景が面白く、出会う人それぞれが新鮮に思え、決して辛くはなかった。何よりも、ここから私の人生が始まっていくのだと、「青雲の志《こころざし》」に燃えていたのだから。

毎日がカルチャーショックの連続だった。その中のいくつかを紹介しよう。

第一は、忘れもしない、知人の住む団地だった。何と、お風呂と便所が一緒になっているではないか。こんな組み合わせってありか？　山形の我が家は別々だ。いや我が家だけでなく田舎のどの家もみんな別々で、例外なく便所は母屋の外にあった。汲み取りはどうするのだろう？　部屋の中にダラダラと垂れてしまう……あっ、汲み取りはないのか！　そうだとしても、お風呂と便所が一緒だなんてあり得ない。想像を超えた世界だった。

第二のショックは食堂でのこと。いくつかのおかずが見本となって並んでいた。その中の一つに目がいった。小鉢の中にあの刺身が入っていて、その上にとろろがかかっている。当時、前にも書いたが我が家には冷蔵庫というものがなかったから、お刺身などという生の魚は食べたことがない。どんな味がするのか。うまそうだがきっと高いだろうな。食堂の中にべたべたと貼られている品書きを見た。きっとお刺身は「とろ」というものに違いない。とろととろで「とろとろろ」か、あるいはとろろととろで「とろろとろ」か。などと当たりを付けて見渡すが、それらしい名前が見当たらない。結局食べずに帰った。あとで、その名が「やまかけ」という、実態からかけ離れた名をもつモノであることを知った。そんなの分かるわけがない。

同じようなことがもう一つあった。住み込みで働いていた新聞販売店の隣はラーメン屋。食べたことも聞いたことも無いメニューが並んでいる。お金が無かったが、私は思い切ってラーメンと「さめこ」を頼んだ。「ラーメンとさめこを一つください」。ラーメン屋のお姉さんは不思議そうに私を見た。田舎者だから発音が悪く、聞き取れなかったのだろう。そう思って、なまりに気を使いながら、さらに大きな声で「ラーメンとさめこを一つ」と注文した。そのあとのことは、もう書きたくない。私は「餃子」を「さめこ（餃子）」と読んでいたのだ。「餃子」などという字は当時の田舎にはなかった。

こんなふうに、「やまかけ」や「鮫子」話と似たようなことをたくさん繰り返しながら、私は少しずつ田舎とは異なった世界になじんでいった。

さまざまな人生と出会った

早朝三時半、トラックから新聞を落とす音がする。作業所住み込みの学生たちが一斉に飛び起きる。昨晩のうちに整理しておいた折り込み広告を新聞の中に挟み込み、ほかにも専門紙などを折り込んで、自転車の荷台いっぱいに新聞を積み、まだ明け切らぬ街に次々と出ていく。

帰ってくるのは六時半頃。ご飯を食べて急いで大学へと向かう。夕刊の配達は遅くても四時半には出発しなければならない。そのため、二時には授業を抜け出して帰らなければならない。友だちとのお茶や映画などは、誘われても行くことができなかった。専売所に着くが早いか、着替えて夕刊の配達に向かう。朝刊と同じ二七〇軒の配達コースを走り続ける。帰りは午後六時半。夕飯を食べて銭湯に行く。帰ってからは翌朝に入れる折り込み広告をまとめる仕事。終了は八時を超える。それからすぐに寝ても睡眠時間は七時間半。もちろんすぐには寝られない。読まなければならない本、読みたい本もある。いつも寝不足だった。

新聞専売所には学生の他にも、ボクサー志願、昼は何をしているか分からない人、ふるさとを逃げ出してきた人、駆け落ちしてきた夫婦……。さまざまな人生があった。そんな人たちと作業所の二階で交わす会話と安酒が楽しく、人生の大きな勉強になっていた。大学でも専売所でも毎日が刺激に満ちていた。ぜいたくな時間を過ごさせてもらっていると思っていた。ふるさとの両親にはいつも感謝していたし、必ず幸せにしなければならないと心に決めていた。でも、家に帰って、あるいは農業を通してそれを実現したいとはどうしても思えないまま一〇代は過ぎていった。

第二章　激動の七〇年代　二〇代の頃

農学と農業のはざまで

大学一年の冬（一九六八年）、東大安田講堂の攻防戦があった年。当時、明治大学は東大や日大、早稲田、法政、中央等と並んで学生運動の盛んな大学の一つだった。だが、私は毎日が新聞を配りながらの生活であったために、運動に参加する必要性を感じつつも、実際の参加はほとんどできなかった。農学部、工学部のある生田校舎においても、盛んに学生集会が行われていた。当時、生田校舎全学生の三分の一ぐらいは何らかの形で集会やデモに参加したことがあったのではないか。政治の季節だった。政治がとても身近に思えていた。

農学部農学科の学生として、当然のことながら農村、農業関係の基本的文献を中心に関連書籍を読み込んでいたが、読む本は徐々に政治に関わるものが多くなっていった。

二年の時に農学科の必修科目である農場実習があった。場所は富士山のふもとに広がる大学の付属農場。新聞配達業務は、正月と新聞記念日の年二回だけしか休むことができなかったが、特別に休みをもらい、解放感に浸りながら実習に参加した。そこで一つの出来事が起こる。

広々とした耕地にドイツ製という数台の大型トラクター。それらを背に教授は学生たちにこう語りかけた。

「やがて日本でも、大きなトラクターでこのような大面積をこなす農業が主流になっていくでしょう」

どこか他人事のように語られた一言一言がひどく気になった。小さな面積を丁寧に耕して暮らしている村の人たちの姿が浮かんだ。規模でいえばアメリカやヨーロッパ型の農業が主流になっていくという。よしんばそうだとしても、どのような行程を経てそこに至るのか。それこそが問題だ。ただ農民を農地から引きはがせばいいという問題ではない。

「おっしゃることは分かりました。ならば、そこに至るまでの過程で村はどうなっていくのでしょうか？　農民はどうなっていきますか？」

「村があっての農民の暮らしです。離農するとすれば彼らはどこに行くのでしょうか？　それが彼らにとって不幸なことではなく、幸せへの選択にならなければならないと思うのですが、それはどのような政策によって可能ですか？」

「広く人々が幸せになっていく。そのために農学はどうあらねばならないのか。これが問いの根本に据えられてないとダメなんじゃないでしょうか？　そもそも学問というのはそのようなものではないのですか？」

私がこのようなことを発言したのは、なぜか。農業政策の中に農業のための政策が無い。あるのは工業系の利益、あるいはその発展のために、農業、農村をどう利用するかの視点から出た政策のみ。

それればかりが目立ち、農民を納得させる政策が無い。青写真が無い。農学部の学生として、あるいは農民の子として、そのことを強く感じていたからだった。

特に、農家の離農促進は農業政策の中に一貫していて、現場の農民はその中で苦しんでいたが、大学の農学部の講義全般に、その現実が反映されているとは到底思えなかった。農業、農村、農民の現実と、政策の狭間で農学はどこに存在しているのか。農民の側にいるのか。厳しく離農を進めようとする国や為政者の側にいるのか？　こんな問いが私の中で膨らんでいた。

そのようなことを一教授に尋ねてどうなるものでもないことは、当時の私にも分かっていた。だけど農家の息子としてそう問わずにはおられなかった。

その場は他の学生も同調したことで実習は討論会へと切り替わった。

その後数年して農場実習は中止になり、学生たちが農村に出かけ、農家から直に話を聞きながら考え、学んでいくという「農家実習」に変わったと聞いた。それは当時私たちが求めた方向だった。

「農家の息子として」といえば聞こえがいい。実際は「農家の息子」であることを恥じていて、できるだけそれを隠したいと思っていたのだから調子のいい話だ。そのくせ、何かあれば農家の側に立とうする。屈折していた。

「お前ならどうする」

二年生から三年生になる時に農学部農学科から農業経済学科に転科した。農業の問題をより社会的、歴史的に捉えたいという思いが強くなったこともあったが、農学科では卒業できなくなるという切羽詰まった事情もあった。夕刊の配達で、午後に多くある実験や実習にはほとんど参加できず、必要な単位を取れずにいた。その点、農業経済学科ならば、多くはレポートで何とかなった。卒業するならば転科するしかない。

一方で新聞配達を辞めたいと思い始めていた。毎日、学校との往復で三時間。新聞配達で四時間、集金、折り込みその他の業務で二時間。当然のことながら大学の講義もある。勉強する時間がほとんど取れない。講義はともかくとして、自分の関心に合わせて文献や本を読む時間が全くといっていいほど取れない。このままだと、何のための大学なのかが分からなくなってしまうという焦りが膨らんでいた。当てがあったわけではないが、勉強する時間を確保するには新聞店を辞めて、違う方法で学資を稼ぐ道を見つけるしかない。そう思うようになっていた。

三年になる時、二年間勤めた新聞販売店を辞めた。住まいは大学に隣接している学生寮（明治大学生田寮）に移した。金はなく、経済的には全く見通しは立たなかったが、日曜日以外にも授業の無い日を作るようにし、週二日、日銭を稼ぐために建設現場に通った。授業料は長期の休みに集中的に稼いだ。雨が続くと建設現場が休みとなり収入が無く、きつかった。コメは田舎から送ってもらうので困らなかったが、あるのはそれだけだ。お金が入ったときには、たとえばサバの味噌煮缶詰を箱で買っておき、朝に半分、昼に半分、夜は汁をかけて食う。こんな食事を続けていたら、足の踝《くるぶし》や関節が痛くなって歩けなくなってしまったことがあった。でも何とか飢えることもなく食いつないでいた。こんな食生活だったが、全く苦にならなかった。当時、周りにもそんな学生がゴロゴロいたのだから。

生田寮には、学部を超えて学生運動に参加している人たちが多く、あっちこっちの部屋で毎晩のように口角泡を飛ばす議論が行われていた。議論は、当時の大きな政治課題だった「大学の自治」、「安保」、「ベトナム戦争」、「沖縄」、「入管法」、「差別」「水俣などの公害問題」など多岐に及んだが、単純にそれらを取り上げて終わりではなかった。議論の行き着くところは、それらを「私たちはどう受け止めるべきか」、「私はこのように考え、このように行動するが、お前はどうする？　どう闘う？」と、一人ひとりの生き方にまで落とされていった。当然、意見の違いもあったが、それぞれが、その時々のテーマを常に全身で受け止めながら、生き方として自身に問うていく。必要と思われる書物を読み込む。そしてまた考える。いつしか私も、その渦中に入っていった。

成田闘争と出会う

そんなある日、建築現場からの帰りに食堂で夕飯を食っていたら、テレビにいきなり、農民たちが杭にしがみ付き大声で叫んでいる映像が映し出された。何事だろうとテレビを見つめた。映っていたのは成田空港の建設に伴い、強制的に測量しようとする千葉県や空港公団（新東京国際空港公団）職員と、それに対して測量をさせまいと必死で抵抗している農民たちの姿だった。その農民たちを排除するために機動隊が動く。老人たちが機動隊の前に立ちはだかる。さらにビニール袋に入れられた糞尿を空港公団職員や機動隊めがけて投げつける。激しい怒号が飛ぶ。そんな現場からのニュースだった。箸を動かすのを止め、くぎ付けになった。

食堂を出てからもさっき見た映像が頭から離れない。成田の農民の反対運動は知ってはいた。しかしあれほどとは！　大きな衝撃を受け、関連するさまざまな記事や文献を読んでみた。

成田空港は、当初の計画では隣の印旛郡富里村（現在の富里市）に建設される予定だった。富里村の農民たちは自分たちの村が空港の敷地内となり、やがて村ごと取り壊されていく予定だということをＮＨＫのお昼のニュースで知ったという。そこで村の緊急寄り合いが行われ、代表者がお土産を持って当該省庁に訪ねていき、その報道が間違いではないことを知る。そこから村を挙げての反対運動となっていった。

少し時代が進んだ今なら、地元への打診が無く、いきなり自分の村が新空港の敷地になる構想が進んでいることをニュースで知るなどということはあり得ないが、当時の民主主義はまだその程度でしかなかったということだろう。村を挙げての反対運動の結果、政府は富里での空港建設をあきらめ、計画は富里から成田に移されていく。政府は富里と同じように十分な合意を獲得せぬまま、所有者である多くの農家の承諾を得ることなく、畑や田んぼに入り、屋敷に踏み込んで測量を強行していった。ここでも民意は尊重されず、民主主義はなかった。

抵抗する農民にそうせざるを得ない理由がある。資料に当たれば当たるほどそう思えた。「ごまの油と百姓は絞れば絞るほど出る」という考え方が江戸期の為政者にはあったというが、民・百姓をそのように蔑んできた思想がこの政治の背景にはある。成田の農民と、ふるさとの田んぼで這うように働いている両親や村の人たちの姿が重なった。

すでに農学部の講義には何の魅力も感じなくなっていた。「ここに行ってみよう。ここにこそ学ぶものがあるに違いない」と思えた。

農業と農村から逃げ出すこと。そこから私の人生が始まる。それはそれでいい。でも家族をどこでどのように支えてゆくのか。農家を続けようが続けまいが後継者である自分に課せられた責任を放棄することはできない。大学の三年生になっても相変わらずそのジレンマの中にいた。他方、私の抱える問題は、私個人の問題でありながら同時に農村と都市、農業と工業との格差が産み出す問題でもあり、よって根本的解決は個人的にではなく、社会的、政治的に図られなければならない、そういう問題だ。このように考えていたが、だからといって、それで肩の荷が軽くなるわけではないが、より学生運動に近づいていく動機にはなっていたと思う。

問題をそう捉えるとしても、結局私はどうするのか。そのことは常に解決されずに残っていた。両親の面倒を見る義務はある。父親も、そのまた親も、代々そのように与えられた役割を果たしてきたし、村の若い人たちもそのことを念頭におきながら暮らしている。このようにして地域と農業の世代送りを重ねてきた。だけど、私にはどうしてもそこには苦しさしか感じられなかった。じゃあ、どうする……。相変わらずこの堂々巡りの中にいた。

そこに成田の農民の闘いである。成田の農民は私のように村を逃げ出そうとはしていない。むしろ村を守ろうとしている。年寄りばかりではなく、若い人たちも一緒になって村を外圧から守り、農業と農村を次世代につなごうとしている。その中に分け入ればそこにもさまざまな葛藤があり、決して一様ではないだろうが、現実の行動は私とは真逆だ。いったいそこに何があるのだろう? 民主主義の問題とは別に、私にとって積年の課題を解決する大きな糸口があるのではないか。成田に行こう。

三里塚の農村に行こう。この結論に悩むことはなかった。

三大学三里塚共闘

三里塚の農村に足を踏み入れてみると、山形の農村とは少し趣が違うが、でも同じように牧歌的な風景が広がっており、畑があり、丘があり、雑木林があり、屋敷林に囲まれた家々があり、どこまでも曲がりくねった山あいの道が続く。そこには絵に描いたように穏やかな農村風景があった。村のあちこちに白いペンキで「空港反対」と書かれたドラム缶がぶら下げられているが、これがなければこの地が空港予定地であることを忘れさせる、のどかな風景だった。

空港反対運動は家族ぐるみの闘いだった。いったんことがあれば子どもたちを含む、家族全員がスクラムを組む。現地で聞いた話だが、学校を休んで家族と共に座り込んでいる子どもたちのところへ、学校の教師がマイクを持って現れ、登校するよう呼びかけたことがあったという。

「お父さん、お母さん、じいちゃん、ばぁちゃんが命がけで頑張っているときに、どうして私たちが学校に行って勉強できるでしょう！」と子どもたちが訴えた。教師たちはそれに応えることができず、引き揚げていったという。家族を挙げた取り組みが長引いたことで、子どもたちが学校に行けない日が続く。子どもたちの自主学習が始まり、それらを勉強の面で支える学生や市民の取り組みも生まれた。

「子どもを反対運動に巻き込むなんて、教育を受けさせる義務の放棄だ」という親を非難する意見が新聞の声欄に掲載されたことがあった。しばらくして同じ新聞に以下のような短歌が載った。

裁くとて 誰を裁くか 子を盾と 闘う親の この悲しみを

成田の空港建設に伴う闘いは、全国各地で同じような大型公共事業、開発事業と闘う住民運動の焦点となっていった。

私はいったん大学に戻り、明治大学をはじめとして、近隣の玉川大学、和光大学に出かけ、学生に参加を呼びかけ、三里塚の農民を支援するネットワーク作りに走りまわった。その中から「三大学三里塚共闘」ができた。私はそのリーダーに押し上げられた。

砦にこもる

一九七一年三月、政府、空港公団は駒井野地区六カ所に散らばっている一坪共有地（全国に地主を募り、数千人の市民の共同所有地とすることで、登記などの事務手続きを遅らせようとした運動）を強制収容することで一気に工事を進めようとした。第一次代執行と呼ばれるものだ。政府と空港公団は一坪共有地の立木を伐採し、更地にしようとする。農民たちはそうさせまいと共有地の立木に身体を縛り付けたり、土中深く穴を掘って立てこもったりして抵抗した。そんな中、できたばかりの私たち三大学三里塚共闘の学生たちは、反対派の農民たちで作っていた「三里塚・芝山連合空港反対同盟」から、朝倉という集落の人たちと共に六カ所ある一坪共有地の一つを守る砦造りを依頼された。その砦造りには全国各地から多くの市民たちが手伝いに来た。緊張が続く中でも農民や市民たちと交流できた楽しい日々だった。ここで私はやがて妻となる人と出会う。

ある日、数日後に機動隊を先頭に強制収用に来るという連絡が入った。そうなれば全員逮捕となる。私は学生たちに集まってもらい、「逮捕されれば最悪の場合、起訴されて十数年の裁判となることもありうる。どんな人にも事情がある。逮捕を避けたい人は今晩じゅうに荷物をまとめてここから離れてほしい。誰もそのことを咎めない」。ちょっとカッコイイ役割だったが、そのように話した。

私は当然残ることに決めていた。兄に電話を入れた。「俺、今三里塚にいる。やがて逮捕されることになるが、あとをよろしく頼むよ」。

「えっ、そうかぁ。三里塚かぁ。分かった。心おきなくやってこい。両親には俺からうまく言っておくから」

うっ、そんな話かぁ？　何というか……、実に簡単だった。どうなんだべね？　この兄。ありがたくはあったけど。

機動隊が踏み込む前の晩、砦の中で遅くまで起きていた。寝ようと思ってもなかなか眠れるものでない。仲間たちもゴソゴソと起きている。まだ二〇歳そこその青年たちだ。覚悟はしているとはいってもそれぞれに胸中は複雑だ。逮捕から始まるさまざまなことは私の人生に大きな影響を与えるだろう。だけど、ここを去るわけにはいかない。もし去るようなことがあったなら、私は一生「土壇場で逃げ出した男」として自分への自信や誇りを失うことになる。そんな気持ちをもったまま卑屈な人生を生きることになるに違いない。何よりも自分自身がそんな自分を許さない。この先どのような困難が待っていようが、自分への誇り、自尊心を失うよりはるかにましだ。もはや就職を含めた自分の将来がどうこうという話ではない。人間として生きていく根本が試されている。ここは正面から立ち向かうべきときだ。そんなことを考えていた。

ここでのその決断が、今でも自分への誇りの源となっており、私の人生を支える力となっている。

富里町の場合と同じように、ここでも現地の農民にほとんど説明することなく、国の力を背景に有無を言わせず空港建設が推し進められようとしていた。ここに混乱のすべての原因があった。農民はこの国を形作っている主権者であって虫けらではない。空港を造るということは農地も家屋敷も、村も、人と人のつながりも、先祖が眠る墓地も、この地で生きてきたさまざまな思い出も、培ってきた文化もすべて破壊されてコンクリートの下に埋めてしまうということだ。「このお金をやるから出ていってくれ」「はい、そうですか」となるわけがない。力で押し切るのではなく丁寧な話し合いを幾度も幾度も重ねながら、国と農民との合意を形成していくことが基本なのだ。それをそうせず、公権力を行使し、暴力をもって農民を力でねじ伏せようとした国の側に非はある。罰せられるべきは政府、空港公団であって農民の側ではない。農民の抵抗はあまりにも当然であって、抵抗する農民たちこそ、この国の民主主義の守り手であり、体現者だった。成田の農民たちが守ろうとしていたのは、農業や農家の暮らしみならず、より根本的には基本的人権、生存権、人間としての尊厳そのものだったのだと思う。

一九七一年三月六日の早朝、政府、空港公団と機動隊が重機と共にやってきて、無残にも砦を破壊した。私は多くの市民、学生と共に逮捕され、やがて起訴された。罪名は「凶器準備集合罪、公務執行妨害罪」。大学三年生の春。二一歳になっていた。

私が拘置所を出たのは年度が替わり、四年生の初夏。一九七一年五月二八日だったと思う。ほぼ八〇日間の独房暮らしだった。出所したその日の夕方、両親に電話をかけた。重い電話となるだろう。父親は一度、世田谷警察署に収監されている私に面会に来たことがあったが、声を交わすのはそれ以来となる。両親は何と言うだろうか。どんな反応が返ってくるとしても、連絡しないわけにはいかない。恐る恐るダイヤルを回した。「はい」。母親が出た。「俺だ」。「あぁ、芳秀か？　元気だったか？お前と話したいけどな、今はそれどころじゃないんだよ。すぐ後ろの家が火事でな。うん、今燃えている最中だよ。父ちゃんは応援の人と一緒に家の屋根に上がって、飛んでくる火の粉を払っている最中だよ。また後でなぁ！　切るよぉ！」。火事の火元、その家の人には悪いが救われた思いだった。

大学四年になり、いよいよ卒業を前にしていた。三里塚で逮捕されてはいたが、大学の事務長や懇意にしていた教授などから就職先について声がかかる。「先方の企業はすべて承知のことだ。そのうえで来てほしいと言っている。ぜひ紹介したい」。

だが、その前に片づけなければならない大きな課題があった。それは、どこでどのように生きていきたいのかの問題だ。私はこれまで、農家の後継者となって農業に就くのか否かに深くとらわれてきたが、まだそれに答えを出していない。また、たとえ農業に就くことから自由になったとして、それではお前はどこでどのように生きていきたいのか？　やっぱりこの問題は残っている。

職業としてならば、日本経済が破竹の勢いで伸びていた一九七〇年代初頭のこと。さしたる特技の無い私ではあるが、たとえ逮捕歴があったとしても就職口はたくさんあっただろう。でも根本は職業ではない。生き方だ。職業は職業で、暮らしていくうえでは大切であろうが、転職はいくらでもあり得る。求めていたのは生きていくうえでのテーマだ。何のために、どのように生きていくのか。それが何よりも優先されなければならないし、そこには簡単な「転職」はない。二一歳だった当時の私は生き方を求めていた。生きるに値するテーマを探していた。自分らしい生き方を探していた。これが学生運動をくぐってきた者のこだわりなのだろうが、農家の後継者となることも含め、それが見えない。道が分からない。煩悶する苦しい日々が続いていた。

すでに大学の卒業はどうでもよくなっていたが、それでも中退ではなく、卒業したのは両親に卒業証書を見せなければならないと思ってのことだった。一九七三年春、身の振り方が定まらぬまま一年遅れて大学を卒業することとなる。

三里塚から沖縄、そして

一九七四〜一九七五年。二五歳の私は沖縄にいた。小さな労働団体の専従職員で、復帰間もない沖縄の状況をレポートする役割をもっていた。当時、国定公園に指定されているほどのきれいな海を埋め立て、石油基地を造ろうとする国の開発計画があり、予定地周辺では住民の反対運動が起きていた。日本の石油消費量の九〇日分を備蓄しようとするこの石油基地計画は、瀬戸内海での設置構想として始まり、住民の反対運動の中で鹿児島県の志布志湾に変更され、そこでも強い反対に遭い、沖縄の金武湾へと移ってきた。沖縄では高い失業率を利用し、「石油基地が来れば仕事が増える」というキャンペーンが盛んに行われていた。経済的な困窮を利用し、迷惑施設を押し付けてくる。この国の政府のとる常套手段だ。ここにも成田の空港建設と同じ構図があった。そのことで地域には貧しさの上に混乱と分断が持ち込まれ、住民はさらに窮地に追い込まれていく。沖縄のみならず、青森の六ケ所村、福島の原発しかりである。

私がサトウキビ刈りを手伝っていた村は予定地のすぐそばだった。小さな漁業と、小さな農業しかない村。その村も村役場や建設業者を中心にした建設推進派と住民、農民を中心にした建設反対派とに二分されていた。

「海や畑はこれから生まれてくる子孫にとっても宝だ。苦しいからといって石油で汚すわけにはいかない」。子孫を思いながら反対する。これはほとんどの村人の気持ちだった。

この村も沖縄の他の地域同様に出稼ぎの村だった。村からは多くの人が安定した生活を目指して「本土」へ、あるいは外国へと出ていっていた。「開発によらずに、村で生きていくのは厳しい。だけど……」と青年たちは語った。

「やがて米軍基地が無くなり、そこを畑に変えることができるかもしれない。そうなったら子孫は海と畑の両方の幸を受け、今度こそ本当に沖縄の地で豊かに暮らしていけるようになるに違いない。今の私たちの暮らしが苦しいからといって、そんな将来の子孫の希望まで食いつぶそうとは思わない」

「今の沖縄には逃げ出したい現実はいっぱいある。実際、私も本土に行った。でも、やっぱり沖縄に帰ってきた。沖縄が一番。そして思ったんだ。逃げ出したい現実を避けて、後ろ向きに生きていたら、あとに続く子孫も逃げるんだぞと。ここは逃げずに希望をつなぐことが大事だ。地元で暮らすと決めた人みんなで、逃げ出さなくてもいいように足元の地域を良くしていこうとする、そんな生き方をつないでいくことが私たちの役割さ」

地域とその希望を未来の子孫につなごうとし、自分（たち）の人生をそのための一部、一過程として位置づける。「地域」を遠い過去からはるかな未来に至るまで、その地で生きる人々がよって立つ共同の財産として捉えたうえで、それをさらに良くしようとする行程の中に自分の役割を位置付けようとする、そんな生き方、考え方だ。この考え方を知識としては知っていた。だが沖縄の青年の口から語られたとき、今までとは違った響きをもって迫ってくるのを感じた。

私は大きなショックを受けた。彼らは私が育った環境よりももっと厳しい現実の中にいながら、逃げずにそれを受け止め、自力で改善し、地域を未来に、子孫へとつなごうとしている。この人々に比べ、逃げ出そうとしてきた私の生き方の何という軽さなのだろう。

改めてこの思いに突き当たったとき、涙が止めどもなく流れた。泥まみれになって田畑で働く両親や村の人たちの姿が浮かんだ。ようやく生きる方向が分かった。長い、長いトンネルを抜け出たような思いだった。これで生きていける。沖縄から故郷の両親に手紙を書いた。紙面のあっちこっちに涙がこぼれ、丁寧に拭きはしたが、随所に字がにじんでいる手紙だった。

根拠地へ——帰郷

それから数カ月後。二六歳の春、私は山形の一人の農民となった。

田畑で働くようになって初めて気がついた。開墾された耕土や、植林された木々など、地域の中の何気ない一つひとつのものが、「逃げなくてもいい村」に変えようとした先人の努力、未来への願いそのものだったということに。私はそのことを一顧だにせず、ただそこから逃げようとしてきたが、実際はそれらの中で私は守られていた。生かされていたのだ。

改めて周りを見渡してみると、先人のさまざまな足跡に出会うことができた。我が家のすぐ裏には雄大な朝日連峰が横たわっている。その山々は急な斜面が多く、保水力が乏しいうえに、雨が降ると洪水になり、日照りが続くと干ばつになりやすい。昔から治水事業は裾野に広がる村々にとって最優先の事業であった。村にはかつて九つの堤があった。雨の日は水を蓄え、日照りの日にはその蓄えてあった水を流す。いくつかは壊れて見る影もないが、残っている堤の一つは今も水を湛えている。直径二〇〇メートル、深さは四〜五メートル。造られたのは江戸の中期。村の歴史家によれば工事は村の自主事業として、すべてを村人たちの力で完成させたのだという。

おそらく当時は家族が一年間食べていくための労働と年貢のための労働で精いっぱいであったはずだから、堤のための労働は田畑の仕事に一区切りついた晩秋から雪が降るまでの間しかできなかったと思える。きっとそんな労働を数年がかりでつないでいったのだろう。

堤のあとには、その水を田畑に引くための人工水路である堰の開削工事が続く。トラックもパワーショベルもない、体力と意志に支えられた土木工事。いったいどんな話し合いの中で村人の合意がかたちづくられていったのであろうか。

その規模からいって世代を超える事業だったはずだから、村人たちはその成果を自分たちが受け取

夏。我が村と山々。子どもの頃からの変わらぬ風景

ることができるとは全く考えなかったに違いない。次の世代（子）か、あるいはそのまた次の世代（孫）を考えた事業として取り組み、汗を流してきたのだと思える。自分たちのあとに続く世代が少しでも安心して暮らせるよう、率先して苦労を引き受け、「楽しみの先送り」をしてきたのだろう。

北を見れば雄大な朝日連峰にトンネルを掘り、水を引こうとした「嘉永堰」、深い堀を掘り、水を導こうとして背におぶった子の死にも気づかなかったという伝説とともに残る「おけさ堀」、堰を開くために発頭人・手塚源右衛門が上杉藩に願い出て、はりつけ台で殺された「栃の木堰」。そんな特別な例を持ち出すまでもなく、裾野に広がる杉林も、一面に広がる水田もまた先人の「楽しみの先送り」の結果だ。駅伝のランナーがタスキを引き継ぎ、また渡すように、世代から世代に「地域」を引き継ぎ、渡してきた。受け取ったものはその中で暮らし、次世代のためにできれば少しのゆとりをつくろうとし、働き、格闘し、そして消えていく。地域を流れる川も堰も、もちろん水田や畑、あるいは土そのものも、林や森も、それらを包む地域自体も、過去幾百代から届けられた「楽しみの先送り」としての先人の労苦の総和であった。

これまでの私は、繰り返しているように、ただここから逃げることしか考えていなかった。しかしここにまた帰ってきた。雄大な山々やのどかな水田風景は、私が逃げ出そうと思っていた頃と全く同じだった。しかし、それを見る目、感じる心が大きく変わった。風景は温かな先人の体温を伴ったものの、情感の伴ったものとして優しく迫ってくる。

分かった。ようやく「地域」が分かった。そして私は「地域」が大好きになり、同時に肩にかかっている「タスキ」を自覚できるようになった。肩にしっかりとタスキをかけ、誇りをもって生きていくことができる。私は百姓として生きていくのだ。すべてはここから始まる。逃げ出したいとあれほど思った地域の中で、ここで暮らすことが安らぎであり、誇りでもある地域に向けて力を尽くそう。これが私の生きる主題だ。百姓として、百姓のままで、この主題を見失うことなく生きていく。

まずは農業用筋肉づくりから

「芳秀、そんなに痩せていて百姓ができるのか？　百姓は頭でないぞ、身体だぞ」

重太郎さんは私の九歳上の百姓だ。田んぼが隣であることもあって顔を合わせてはいつもそう言って私をからかう。そして時々は「それはそのように使うんじゃない。こうするんだ。どれ、貸してみろ」と言って農具の使い方を丁寧に教えてくれたりもした。これから毎日、重太郎さんをはじめ、たくさんの農家の人たちと一緒に生きていく。

朝の五時には両親と共に田畑に立っていた。農学部を出たからといっても何かができるわけではない。単なるペーペーの百姓でしかない。まず、両親について農業のイロハから教えてもらわなければならない。とはいっても都会の若者が初めて農地に立つのとは少しは違っている。小さい頃から田植え、稲刈り、脱穀、柴刈り、萱刈、家畜の世話などのもろもろの作業はやっていた。高校生のときも、農繁期にはよく田んぼに作業服を持ってきてもらっていて、そこで着替えては田植えや稲刈りを手伝っていた。だからそれぞれの作業の身のこなし方は身体の中に染み込んでいる。そう思っていた。だから、ちょっとしたコツや注意事項を聞けばあとは大丈夫だと思っていたが、「手伝い」としてやるのと、本格的に責任を伴いながらやるのとでは大違いだ。まず重太郎さんが言うように身体ができていなかった。筋肉質ではあったとは思うが、それは農作業の中でできたものではなかった。百姓で使う筋肉は百姓仕事の中でできていく。そういうものだ。

実際のところ、近所の年寄りと一緒に農作業することがあったが、若い私のほうが長続きしないし、仕事の仕上がりもまずい。これは農作業に耐えられる身体づくりから始めなければならないな。そう思わざるを得なかった。

まず、五年間は農民になることに目標を定めた。集落の人たちや、両親と同じような農民となること。当時、出始めていた「有機農業」には惹かれてはいたが、百姓として一人前にもなっていない私が手を付ける分野ではない。まずは一人前の百姓になってからのことだ。

一人前の百姓。当時の私が一番の課題としていたのは必ずしも技術的なことや筋肉に関わることだけではなかった。百姓であることが恥ずかしいなどとは少しも思ってはいなかったが、冬季、他の農家と同じように、一年のうち四カ月は農業の現場を離れ、土木作業などに従事することにしていたが、その季節になると弱い部分が首をもたげてくる。当時、父親は農業の合間、遠縁に当たる建設会社に勤めていて、私もそこで雇ってもらい、道路工事や堰堤作業などに通っていた。道具を使いこなす技術を覚え、筋力を身に付け、家計を助け、そして……精神を鍛える。特に精神の問題は大きいと思っていた。そのこともあって、土木作業の現場はできるだけ人の目につく街中にしてもらっていた。

ある日、長井の街の繁華街で消雪道路の工事をしていると、私をじっと見ている人がいる。高校の同級生だ。彼は家業の跡を継いでラーメン屋をやっていた。部活が一緒で仲が良かった。「菅野だよな？」「菅野だべ？」「うん」「お前、何しているんだ、こんなところで」「見ての通り、道路工事の作業員をやっている」「お前、大学に行ったんじゃなかったか？　確か明治大学だったよな？」「うん、卒業して今は百姓しているよ」「ほぉ、ほんとかぁ」「うん、冬は土方だ」。

その数時間後、女性の同級生が通った。彼女の夫も同級生で、確か地元の銀行に勤めていると聞いていた。目が合った。ハッとした顔をした瞬間、彼女は見てはならないものを見てしまった感じで目をそらして通り過ぎていった。「〇〇さん、こんにちは！」と声をかければよかったと思うのだが、当時はまだまだそんな気にはなれなかった。ここで彼女の名誉のために付け加えれば、私がそう思っただけで、根拠があるわけではない。当時の私の気弱で生半可な性格がそう思わせたのだろうと思っている。

今ならば大学を出て百姓をしている例はあっちこっちにあるが、当時はほとんど見られなかった。

誰もが百姓をせずとも暮らしていけるよう大学に行こうとしていたのだから、その逆はよほどの例外でもなければあり得ない。まだそんな時代だった。あれやこれやと、こんなこと、あんなことを重ねながら、少しずつ身も心も百姓になっていった。

結婚

百姓に就いた次の年に結婚した。相手は三里塚で知り合った女性だ。北海道の教育大学を卒業し、小樽と千葉の教員採用試験を受け、両方の試験を通ったが、成田の農家を応援したいと近くの印旛沼周辺の小学校の教員となっていた。土、日を利用し、反対農家の援農に来ていた。明るく利発そうな感じの女性だった。もちろん、今もそうだけどな。

「教員を辞めて一緒に山形で農業しよう」

このように話したと思う。今から考えると妻はよく「うん」と言ったと思う。というのは、彼女には、やがてふるさと北海道に帰って教師となることを楽しみにしていた両親と二人の妹たちがいたのだから。山形の百姓と結婚するということは、北海道で待つ家族の期待に背くことだ。辛い決断だったと思う。

やがて、彼女は千葉の教員を辞めて山形の農家の一員となった。しかし、そんなに広くない田畑に私たち夫婦とまだ元気な両親だ。妻のやる仕事がない。彼女は農民となって一緒に仕事をすることをとりあえず中止して臨時の小学校教員として働きだし、そのまま正規の教員となるべく採用試験を受け、小学校の教員となった。

そろそろ俺の農業をする時期だ

結婚してから二年経ち、そろそろ自分の農業を実行するときが来ていた。三〇歳になっていた。身長一九〇センチの体軀は、農作業と冬季の肉体労働の中で十分に頑強な身体になっていたし、精神的な面も問題ない。父親は、すべてをお前に任せると言ってくれている。そこで改めて考えた。どうせやるならば、農協がそう指導するからとか、農業改良普及所がこう言うからというのではなく、農業する者の生き方、哲学が反映する農業、そんな農業を志したいと思っていた。どんな農業をやりたいのか、農民としてどう生きたいのか。まずは自分に問い、それを明文化した自分の「憲法」をつくろうと考えた。俺のことだ。いったん指針を決めたとしても、右に左に……と大きく迷走し、やがて自分の農業を見失ってしまうだろうし、人生そのものだって場当たり的なものになりかねない。それを防ぐためにも明文化した指針が必要だ。

求めるのは、どこをとっても作り手の個性が見える農業。社会への参加の仕方、生き方、大げさに言えば作り手の世界観が反映された農業だ。

まず、その基本を「楽しく働き、豊かに暮らす」と定めた。「なぁんだ、そんなことか」と思う向きもあろうが、やっぱりここに行き着く。農業を生業に選んだことの意味はこれに尽きる。誤解の無いように言っておくが、「豊か」とはお金のことではないぞ。その上で「四つの基本」を決めた。

一　暮らしの自給を大切にする農業

二　食の安全と環境を大切にする農業

三　農的景観を大事にした癒やしのある農業
四　農家であることを家族みんなで楽しめる農業

常に念頭にあったのは「楽しくなければ人生じゃない、おもしろくなければ百姓じゃない」ということだった。「おもしろきことのなき世をおもしろく」という高杉晋作からのパクリだけどね。

次は肝心の、その上で、どんな作物を導入するかだ。冬でも農業ができることが必要だ。雪が降ったら家族と別れて出稼ぎに行くようでは父親の世代と同じになってしまう。雪の中、工夫して農業で暮らしている人たちを見てまわった。よくあるビニールハウス栽培は、雪や風に悩まされそうだ。シイタケやなめこなどのキノコ類は？　これもジメジメしている感じでしっくりこない。民芸品づくりは？　なんかめんどくさそうだ。それに手先が不器用な俺にできる世界ではない。いろいろ考えてみるが、これだという世界は見当たらなかった。そこで幸せそうに暮らしている自分の姿が想像できない。

他方で俺が求めているのは家畜がいて堆肥を作り、肥料を自給できる「有畜複合経営」だ。どのような家畜を飼うのか。ここは米沢牛の産地。でも資金の無い俺には牛舎を建て、一頭数十万もする子牛を買ってくるのは不可能だ。豚とて同じ。豚舎も子豚も元手がかかり過ぎる。目指す農業の大枠を定めてはみたものの、そこから先がなかなか見えなかった。

出口は、偶然手に取った『現代農業』という雑誌が与えてくれた。そこにはニワトリを大地で飼う「自然卵養鶏法」が紹介されていた。え、こんなのがあったんだ！　かつて我が家でも庭先でニワトリを飼っていた。せいぜい一〇羽ぐらいだったが、これなら経験がある。それにヒヨコは一羽一五〇円ぐらいで手に入り、何よりも元手がかからない。ニワトリを百羽飼っても経費はたかが知れているし、鶏舎は電柱を使って自前で建てることができる。鶏糞は一級の肥料になり、田畑との組み合わせもできるだろう。くず米、くず野菜、田畑の草などをニワトリに。ニワトリのフンを田畑に。健康なコメや野菜と玉子、鶏肉を得るだけでなく、肥料も自給できる。

鶏舎の周囲には梅や桜、スモモなどを植えよう。これらの木立はさまざまな花を咲かせ、辺りを飾るだろう。暑い夏にはニワトリたちに涼しい日陰を作ってくれるに違いない。その果実からお酒をつくろうか。玉子は市場ではなく直に町の消費者に届けよう。「通信」を書き、玉子に込めた私の思いも一緒に伝えていく。人と人とが食べ物を通してつながっていける。一緒に地域を豊かにできる。市場に出すだけの農業では味わえない醍醐味だ。これで農業がよりおもしろくなっていくに違いない。次々と発想が膨らんでいった。そしてほぼその構想通りの農業を創っていった。

「明日は家族総出で田植えをするので子どもたちは学校を休ませます」。またある日は「稲刈りなので…」、「雪下ろしなので…」と、大切な農作業のときには、子どもたちと一緒に取り組んだ。子どもたちとおにぎりを持って田んぼに出る。保育園のときから小学校の低学年に至るまでこんなことが頻繁にあった。やがて子どもたちが「田んぼに行くより学校に行きたい」と言う頃まで続いたが、担任の先生は笑いながらそれを許してくれた。

第三章　減反を拒否する

第二次生産調整――減反政策の中で……

私は沖縄での経験から、農村や地域をそこで生きた先人の「地域のタスキ渡し」と「楽しみの先送り」の膨大な集積として捉え、私もそのタスキを引き継ごうと農民生活をスタートさせた。誰にとっても農業や農村が逃げ出したいところではなく、また、そこで暮らすことが逃げ切れなかったあきらめの結果なのでもなく、普通に暮らし続けたいところ。またそこが地域の未来を育むところ、子どもたちのさまざまな人生の希望を育むところでもある。そのためには特別な地域である必要はない。地域で暮らす人々の周りを穏やかな空気が流れ、静かに時が経っていく。それだけで十分だ。それだけで、地域と人々との仲のいい関係が育っていくに違いない。たとえ、今はそうでなくても、いつかそんな村や地域になっていけるよう先人の心を受け継ぎ、タスキをつないでいく。いつもそのように思い続けていたわけではないけれど、何か重要な判断が求められた場合は必ずそこに立ち返っていた。実際の毎日は父親の後に付きながら農作業の日々が続いていただけなのだが。

農業に就いて二年目の一九七七年。コメの減反政策（「第二次生産調整」）がやってきた。農家は村の公民館に集まり、農協の理事や生産組合の人からその説明を聞いた。その内容は集まった誰にとっても承服しがたいものだった。これはえらいことになった。聞きながらそう思った。

コメの「減反政策」が始まったのは一九七〇年で、一年限りの緊急避難と政府は説明していた。それがそのまま続き、七七年に「第二次生産調整」として強化されたものだ。私は二〇代後半、前の年に父の跡を継いで百姓になったばかりだった。

農水省の示した減反計画は四〇万ヘクタール。この面積は当時の九州の全水田面積に匹敵する。この大変な規模、広大な水田面積のコメを一挙に減らし、あわせて大豆、ソバ、麦などの作物に転換しようとする。減反すれば奨励金を出すが、減反せずに目標面積に届かなかった場合はその分の罰則を科すという。上からの強権を伴ったアメとムチの政策だった。これは、当時、誇りをもって土を耕していた農民の自尊心を大いに傷つけた。

政策の背景には、食管制度の廃止とコメへの市場経済の導入、あわせてコメの生産抑制、アメリカ小麦への日本市場の提供を意図する狙いもあったと思う。今から振り返れば、この政策は戦後農政の大きな転換点だった。

その後、食管制度が廃止され小麦のみならずコメの大量輸入も行われた。米価は生産原価を切る価格まで値を下げた。コメ農家はやる気を失い、後継者は農外に就職し、農家の高齢化が進んだ。自給率も落ち込み、日本は国民の食糧の多くを海外の田畑に依存するようになった。こうなる前にこの国をどうつくっていくのか、丁寧な国民的議論が必要だった。日本はいつもそうなのだが、なぜもっと事態を丁寧に説明し、時間をかけた国民的議論ができなかったのかと悔しく思う。

話をもう少し前に戻そう。

当初は農協だけでなく、市や町の議会もこぞって減反に反対し、あらゆる生産の場で反対決議をあげていたが、やがて、達成しない自治体には補助金をやらないなどの政府の有無を言わせない強引な姿勢に、「仕方ない」と反対の旗を降ろし、「食管制度を守るために、生産調整に協力してほしい」と態度を変えていく。農協とて好きでこんな転換をしたわけではない。苦渋の選択だったと思う。集落や生産団体では、それでも承知できないとの不満がくすぶっていた。

集落の生産組合の集まりでは、

「自分の農地に何を作ろうが自由なはずだ。罰則をもって減反政策に従わせようというのはあんまりではないか」「赤字、赤字と言うが、農家からは生産の維持のために必要な価格で買い上げ、消費者には生活防衛のために安く提供する。食管制度とはそもそもそのような制度のはずだ」「これでは農業に見切りをつける若い衆が増えるばかりだ」といった意見が出されるなど、農家は一様に不安と戸惑いの中にあった。

農家にとって稲作は特別なものだ。村の祭事や暮らしの中の催し物に占める稲作文化の影響は大きい。経営的にも大きな位置を占めている。野菜や果樹は市場の動向で左右される。せっかく収穫期まで無事に育ててきても、市場価格が暴落するなどということは普通にあることだ。果樹が台風で落下したなどということも珍しいことではない。畜産や酪農だって市場経済の中にある。その中でコメは安いといえども食管制度によって価格が決められていて農家経済の堅い下支えとなっていた。コメ作りが拡大してきたのは国がらみのコメの増産政策もあったが、他方でほかの作物価格があまりにも不安定であったことも大きな要因となっていた。土台としてのコメ作りがあるからこそ、プラス野菜、プラス果樹、プラス畜産ということが可能となっていた。つまりコメは農業全体の背骨であり、日本農業の基盤そのものでもあった。

田植え作業を見ているだけで農家がどれだけ稲作を大切にしてきたかが分かる。いったん植えたあとを丹念にもう一度見直しながら一株でも欠株があれば苗を補い、植え傷んだ苗は補強する。田んぼの隅々まで目を配り、広い水田の中で無駄に遊んでいる部分は三〇センチ四方といえどもなかった。どの農家も例外なくそのように稲作と向き合っていた。それを減反政策では田んぼに稲を植えなければ奨励金を出すという。これまで農家を支えてきた農民の倫理観、勤労意欲、稲作への向き合い方に大きな影響を与えるだろう。

一度目の説明会が終わった。二度目の総会の前に家族に聞いた。

「今回の減反は拒否したいと思うのだけれどどうだろう?」

父親は「お前の好きなようにやっていい」と言ってくれた。

総会の中で新参者の私はほとんど意見を言わなかったが、最後に手を挙げて発言を求めた。

「今回の減反に黙って従っていたのでは農業がますます魅力のないものになってしまう。私は農民になったばかりだが国への抗議の意味を込めて減反を拒否したいと思います。村や日本の農業のためにも是非そうしたい。みなさん見守ってください」

私がそう話すと、会場は拍手に包まれた。

「大丈夫か? 拒否したい気持ちは俺も一緒だけど、それをやればコメは売ることができなくなる。

暮らしていけなくなるよ。お前も父親ともっとよく相談したほうがいいよ」。こんな忠告をしてくれる人もいた。ペナルティによって我が家のコメは売ることができなくなるかもしれない。それは大変なことだ。だけど、そうだからといって国のひどい政策をこのまま受け入れてしまえば、今度は農民としての自尊心の大きな痛手となる。誇りをもって農業を続けることができなくなる。どちらを選ぶかは決まり切ったことだと思った。

この長井市や置賜地方にもたくさんの減反反対者、拒否者がいるはずだ。農民になったばかりの私には周りがよく見えてないし、どのような動きがあるのかは分からないけれど、これだけの強権発動に抗議の声が上がらないわけがない。売り先のないコメの問題は、その人たちと一緒に考えていけばいい。そんなことを思っていた。春、私はすべての田んぼに苗を植えた。

集落連帯責任の押し付け

集落内の農家の転作面積が出そろった。もちろん私はしなかったのだが、転作面積を合わせたら集落に割り当てられた面積を超えていた。何か肩透かしを食った感じだった。

そんなある日、集落の農協理事や生産組合の役員が我が家を訪ねてきた。そこから事態は急変する。

発端は、長井市が独自の方針を打ち出したことだった。「集落ごとに課された減反面積を達成したとしても、集落内に一人でも反対者がいて、その人が未達成者なら、その集落全戸に市の補助金は出さない」というものだ。これは長井市独自の施策だ。だからといって、減反割り当て面積でいえば一万円をもらえる人はいなかった。金額は少ないがその意図するところは農民をして農民を抑え込ませようとすること。個人の行動を集団責任で強引に封じ込めようとする政策だ。わずかなお金でそこに農民を誘導しようとする役所の魂胆に愕然とする思いだった。

「芳秀君がその分を負担してくれるならば私たちはそれでもいいと思っているよ」

我が家を訪れた彼らはこう提案したが、私はそれを承諾するわけにはいかなかった。承諾したら水田にコメを作付けしたい菅野はお金で集落と調整したということになり、減反反対運動とは縁のないものになってしまう。

後日、私は市役所の農林課に向かった。農林課の担当責任者の前に座って話を切り出した。

「あなたたちだって、本当は百姓に不利益を与えるような減反政策なんてしたくないでしょう。そもそも役場の農林課には国の農業政策を実現する末端機関という役割と、それぞれの地域の実情に合わせて地域農業の振興を図ろうとする役割と、両方ありますよね。むりやり反対者を封じ込めてまでも減反政策を進め、地域の実情とは関係なく、大豆、麦、ソバなどを作付けさせようとする政策が、どんな意味で地域農業の振興策なのかを教えてください。それで納得できれば、減反します」

しばらくの沈黙の後、担当者は「分かりません」と応えた。

私はその応えに「それが分からないのに私たちに減反を強制するのか！　あなた方の責任はどこにあるんだ！」と声を荒げて詰め寄った。内心は冷静だった。課内は水を打ったように静まり返っていた。周りでは、十数人の職員が机に向かいながらも背中でじっと聞き耳を立てているのが伝わってきた。時間にして一五分程度。やりとりに終止符を打ったのは、その職員だった。「分かった。内部で検討したうえで回答するから、今日のところはまず引き取ってくれ」。そう告げる職員の手は震えていた。

「菅野が農林課に乗り込み、詰め寄った」との話は市役所の職員から農協の役員、そして村人へとまたたく間に広がっていった。

一人だけの拒否

「減反にあくまで反対する芳秀君の問題をどうするか」という議題で集落の寄合が開かれることになった。えっ、俺の問題ってどういうことだ? 減反問題を話し合う寄合ならば分かるけど……つるし上げか?

寄合にはほとんどの農家が参加をしていた。役員からは市の特別補助金の説明があり、減反割り当てを一〇〇%達成したが私の拒否のためにその補助金が下りないことなどが報告された。続いて発言を促された私は、「一〇〇%目標面積を達成したかどうかではなく、一〇〇%の農民が行政の指示に従ったかどうかで補助金が出されたり、出されなかったりすること自体がおかしい。農民を侮っている」としたうえで、ほぼ前回と同じ意見を述べた。

だが、話を終えた私を待っていたのは沈黙だった。農民たちの態度は一変していた。

その後は、農協の役員や実行委員組合長から市会議員、トラクターを共同所有している親しい農家までさまざまな人たちが入れ替わり立ち替わり我が家を訪れるようになった。彼らは一様に「減反したほうがいい。誰だってやりたくはないけど仕方ないことだ」「集落の和が大事だ」「芳秀君の将来のためにならないぞ」などの説得の言葉を携えていた。他方で我が家にお茶飲みに来てくれていた仲のいい人たちの足が遠のいてきた。父親のほうにも集落の役員たちが説得に来ていたらしい。父親は「息子の対応を尊重したいので」と応えてくれていたことが分かった。父親の精いっぱいの応えだったのだろう。両親とも私には何も言わなかったがさぞ辛かったに違いない。

やがて、市の農林課から「反対者がいても集落が減反面積を一〇〇％達成していたのなら補助金は出すことにした」との答えが返ってきた。それでも村の役員は相変わらず「集落の結束、団結」を言いながら減反に「協力」することを求め続けていた。

聞けば三万三千人の人口をもつ長井市の農家で減反に拒否で応えようとしたのは私一人だったという。これはあとから聞いた話だが、当時の市長は「菅野は減反反対の象徴的な人物となるだろうから、早いうちにその芽を摘んだほうがいい」との指示を担当職員に出していたという。

当時の私には、村の行動原理がよく分かってはいなかった。だが確実に村の中での暮らしの足場、生きていく基盤が大きく揺らぎだしているのを感じていた。眠れない夜が続いた。

腹を決め、田に苗を植えよう！

私は隣の白鷹町に加藤秀一さんを訪ねていた。彼は自分が百姓であることに高い誇りをもっている人だった。彼も減反を拒否していた。私より三つほど年上。減反問題のみならず、農業、農村のさまざまな課題について何でも相談し、話し合える仲だった。彼がいてくれたおかげでどれほど助けられたか分からない。

当時、置賜地方（三市五町）では青年団運動が盛んだった。その青年団のリーダーたちのほとんどが農民であり、加藤さんの友人か、あるいは知り合いだった。彼はその仲間たちのリーダーとして広

田植え後に家族で祝う「さなぶり」の準備。ほとんどは我が家で取れたもの

い人脈を築いていた。まだ百姓になりたてでどこに誰がいるか、皆目分からない私にとって加藤さんの人脈はありがたかった。二人は一緒に「野良に働く兄弟たちへ！　腹を決め、田に苗を植えよう！」という「水滸伝」か「三国志」まがいの呼びかけ文をつくり、置賜地方の仲間たちのところをまわった。まさに兄弟を探すがごとく仲間を求めて歩いた。やがて、減反に抗う二十数人の青年たちと出会い、一九七八年以来、今日まで続く「置賜百姓交流会」を立ち上げる。

彼らは私のようなにわか百姓とは違い、コメ作り、果樹、畜産……どれをとっても一級の生産者であり、同時に地域農業のリーダーだった。以後、我々は百姓交流会を舞台として、減反問題を端緒に、有機農法、ゴルフ場問題、百姓の国際交流など実にさまざまな取り組みを行っていく。加藤秀一さんは常にその輪の中心にいて、我々を引っ張ってくれた。今振り返っても私は百姓交流会の取り組みを通して、実に骨太で多才な百姓たちと出会えたと思う。彼らと知り合い、一緒に歩めたことで私の百姓人生はあっちこっちにコブを作りながらも挫けずに続けることができたと言っても言い過ぎではない。減反反対運動の苦しい最中、だからこそ、この出会いがあったと考えれば、人生なんて、何が災いし、何が幸いするかも分からないものだ。「置賜百姓交流会」については、後の章で紹介する。

「生きてりゃいいさ」

減反を拒否した田んぼの稲は、穂を出す直前まで成長していた。「稔りの前に稲を刈ってくれ」「減反してくれ」という電話は、精神的疲労から血圧が高くなり、検査入院している私の病室にまでかかってきたし、実際、集落の担当役員は病室の中まで足を踏み入れてきた。執拗だった。今から考えれば彼らも同じ農民。行政から言われて仕方なくやってこざるを得なかったのだろう。彼らも同じ被害者と言えばそう言えなくもない。人間的には全く恨んではいなかった。役割だったのだから。でも役所から言われたことに対して、決してそれを疑わず、あまりにも真面目に応じ過ぎる。いい意味でのいい加減さがない。ある意味、これが農民だとも言える。

でもその一人ひとりは私にとってこれから先ずっと、共に歩んでいかなければならない同じ集落で暮らす農民たちであることには間違いない。でも今、そのほとんどが私と距離を置こうとしている。さすがにこれは辛かった。このまま進んでいっていいものか。私も百姓となってまだ一年目。人間関係がまだまだ築けていない。ここが限度ではないか。そう思う反面、未来の人たち、生まれてくるこの子のためにならば頑張れる。こんなひどい政策に日本の農民は誰も反対しなかったということだけは避けたい。たとえ一人でも反対者がいたという事実を刻印したい。そう思ってもいた。

妻のお腹には新しい生命が宿っていた。初めての子どもだった。しかし、その子どもは産声を上げることはなかった。死産だった。ストレスがあったのかもしれない。

そんなある日、宮城県遠田郡南郷町（当時。現在は美里町）で同じく反減反運動を担う若手の百姓たちから自分たちが主催する「加藤登紀子コンサート」への招待状が届いた。減反問題を通して知り合ったばかりの農民たちだった。「菅野が苦労している。彼を支えよう。彼を呼ぼう」となったのだという。その気持ちがありがたく、友人と一緒に出かけていった。加藤登紀子さんの存在はご亭主の藤本敏夫さんと共に知ってはいたが、まだ本人とはお会いしたことはなかった。彼女の歌は好きだった。大学の寮などでは仲間たちと一緒に歌いもした。コンサートが始まった。私は一番後ろで聞いていた。

君が悲しみに心閉ざした時
思い出してほしい歌がある
人を信じれず眠れない夜にも
きっと忘れないでほしい
生きてりゃいいさ　生きてりゃいいさ
そうさ　生きてりゃいいのさ
喜びも悲しみも　立ちどまりはしない
めぐりめぐってゆくのさ

手のひらを合わせよう　ほらぬくもりが
君の胸にとどくだろう
一文なしで町をうろついた
野良犬と呼ばれた若い日にも
心の中は夢でうまってた
やけどするくらい熱い想いと
生きてりゃいいさ　生きてりゃいいさ
そうさ　生きてりゃいいのさ
喜びも悲しみも　立ちどまりはしない
めぐりめぐってゆくのさ

（「生きてりゃいいさ」河島英五　作詞・作曲　JASRAC 出 2107881-101）

歌の途中から肩が震えて止まらない。熱いものがどんどん込み上げてくる。涙が堰を切ったようにあふれ出し、滴り落ちる。声に出ないように下を向いて堪えていたが、嗚咽が止まらない。身体全体の震えが止まらない。

生き方を探して煩悶していたとき、成田の農民たちと共に闘い、投獄された日々、沖縄でのこと、両親と共に農業を始めたこと、減反拒否、そして子どもの死……。さまざまなことが走馬灯のように頭を駆け巡っていた。

「菅野さん、大丈夫ですか？」

私が普通でないことを見た南郷の友人がそばに寄ってきたが、それ以上声をかけずに戻っていった。

これには後日談がある。それから約三〇年後の二〇〇八年頃。千葉県の鴨川にある加藤登紀子さんたちが主催する鴨川自然王国で話をする機会をいただき、うかがった時のこと。楽屋で加藤登紀子さんとお会いし、二人だけだったので思い切ってあの時のことをお話しした。すると黙って立って行った加藤さんがギターを持って戻ってくると、そっと歌いだした。

♪君が悲しみに心を閉ざしたとき……

あの時の歌だ。またまた目頭が熱くなって……。あの時の感情が戻ってきたことはもちろんだが、もう一つは加藤さんの気持ちがうれしくて。

「私が間違っていました」

よし、ここまでだ。減反は引き受けよう。私が主張してきた趣旨は伝わっているし、この姿勢はたとえ減反しても変わらない。それは周りがよく分かってくれている。周囲の農家とは決定的に関係が悪くなったわけではない。二七歳で百姓一年目。私にはまだまだ力がなかったということだ。立ち直れなくなるほどに深い傷を負う前に矛を収めよう。よく頑張ったと思うけれど経験薄い百姓としてはここまでだ。誰が見ても力不足であることは明らかだ。力を蓄えて出直そう。そのように決断し、我が家に説得に来てくれた方々一人ひとりに電話でではあったが、お礼を述べ、その結論を伝えた。
そのうえで、田んぼに出かけ、まだ稔前の青い稲を刈った。

これにも後日談がある。一九九五年頃のことだ。裏で「菅野をつぶせ」と指示した市長は、すでに市長職を離れていて、菅野農園が作る自然卵のお得意様となってくれていた。週に一回、長井市内をまわり、玉子を配達する。全体で二〇〇軒近くを毎週まわっていた。事が起こったのはその配達中だった。和服を着てくつろいだ感じの前市長から、ふいに玄関先で呼び止められた。振り向いた私にもう少し中に入るよう促し、中に入ると、前市長は、正座をしたまま深々と頭を下げられた。そのうえで私に向かって、こう話された。

「菅野さん、申し訳なかった。九三年の米の大凶作で備蓄米も底をついた日本は、タイから米を輸入せざるを得なくなったでしょう。あの事件以来、第二次減反の頃に市長として私があなたにとった態度が良かったのかどうか、何度も何度も自身に問うていました。今もずっとしこりとなって残っていました。当時は分からなかったけれど、君が減反拒否されたのは農業の大切さを絶えず考えておられたからだということを、その後のあなたの言動から読み取ることができました。それなのに私は、あなたを長井市のまちづくりに活かすことなくつぶそうとした。そんな私の態度は、悔やんでも悔やみきれないものになっています。私が間違っていました。申し訳ありませんでした」

彼の態度に、私は大いに驚き、身体が硬直した。私は息子ほどに歳が離れた一介の農民でしかない。それも駆け出しの農民だ。市長が無視しようと思えばいくらでもできるはずで、そうしたとて誰も傷つかない。にもかかわらず、あえて彼はわざわざ私を呼び止めてまで、これ以上は考えられないほどの誠実さをもって打ち明けられ、謝罪された。何て器の大きな方なのだろう。

「いや、市長。もったいないことです。市長はお立場からあのようにせざるを得なかったわけで……私のほうこそ……」。驚きと感動で言葉を失い、しどろもどろになりながら、ただ立ち尽くしていた。

さらに後日談がある。私は減反拒否の「社会的後遺症」で、しばらく地域社会で孤立していたが、やがて市長（当時）の肝いりで始まったまちづくりのための協議機関である「快里《いいまち》デザイン研究所」の一員となったことで、長井市のリーダーたちの中で発言の場所を得てゆく。それによって地域社会との大きな溝を一気に埋めることができた。そこに私を呼んでくれたのがその市長だったと聞いた。すでに亡くなられているが今でも尊敬し感謝している。

いくつかの学び

減反反対をめぐる経験の中から、いくつかの学びがあった。それについて当時の私が書いたものがある。こなれていない文章だけれど掲載したい。〈以下〉

集落の中でただ一人減反拒否を宣言した。それがやがて敗北し、その宣言を撤回せざるを得なくなるまでの一年間、私は多くのことを学んだ。もちろん百姓一年目で、二七歳。集落の農民にしたらポッと出の青年。存在自体に求心力がない。「いろんな意味で若過ぎたんだよ。だからもっと経験を積んで力を蓄えることだ。これが教訓のすべてだよ」。こんな意見もないわけではないだろうし、その通りだとも思う。でも、他方、減反政策に全力でぶつかった結果として気づいたいくつかのことがある。ぶつからなかったならその教訓はなかった。そこに学びはなかった。多くの人にとっては「なんだ、そんなことか……つまんねぇ」と思う部類のことかもしれないが、ま、いいじゃないですか。

その一つは、運動は「理念」だけでは続かないということだ。それだけならばやがて孤立し、つぶされてしまう。学生ならいざ知らず、生活を抱える者の運動なら当然のこと。問題は「理念」だけでなく「利益」の視点、つまり継続性の視点からも絶えず捉え返してみなければならないということ。もし、「理念」だけが独り歩きしなければならない局面があったとしても、（それは決してないわけではないが）、なるべく短期間で切り抜け、「利」との調和を図ること。私がやった減反反対運動には、「理」はあっても「利」がなかった。その点で運動の継続性に難があった。それだけで地域の中での求心力を失っていく。農民たちに言わせたら、「何をいまさら青臭い。そんなことは自明のことだよ」と笑うだろうが、当時の私には気づけなかった。かの毛沢東が「有理、有利、有節」と言ったが、まさにこのことだったのだろうか。理があり、利があり、節度があること。この大事さに気づいた。

二つには「グレーゾーン」の大切さについて。物事にはすべて黒か白かでは割り切れないものがある。社会的課題に取り組むうえでもグレーゾーンの意義、それを活かす知恵、あるいはあいまいにすることの積極的意味を考えなければならないことを知った。それを黒か白かで切ってしまったことによって自分自身を追い詰めてしまった。ここからは運動のダイナミズムは生まれない。

三つ目は、集落について考えたことだ。減反騒動の渦中、私に覆いかぶさってきたのは、「村の和を乱すな」、「村の統一を壊すな」という言葉だった。その論理の中で私は追いつめられ、孤立していった。それらはたとえ小さな集落の中の出来事だったとはいえ、「お上」や「国家」、国策が絡んだ上からの「和」と「統一」であることには違いはない。その視点からの強引な強制にはやっぱり承服しがたいものがある。かつて同じように上からの一糸乱れぬ和と統一が強調された時代があった。そしてそれがそのまま戦争への道につながっていった。その結果は今もなお地域に大きな傷となって残っている。そんな村の経験があったにもかかわらず、同じように同調しない人間を強引に封じ込めようとする村人の対応、村の構造として生きていた。だからこそ……なおさらと決意をしながら頑張ったのだが、駆け出しの若造のかなうものではなかった。しかし、その集落の構造を理屈ではなく、体験的に知った意味は大きい。

また、多くの村人は対立よりも沈黙を選ぶ。はっきりさせるのではなく、あいまいにする。自分で行動するのではなく、ヒトまかせにする。自分の意思を明確にしない。主張しない。人の前方に出ない。意見が無いわけではないのにあえてそれを述べない。多数派に同調するということだろうが、でもよく見ると単なる多数派ではなく、その軸に「力のあるもの」が存在する。

若いときにはきちんと自己主張ができた人も多くはやがて変わっていく。まわりはそれを「カドがとれて丸くなった」、「彼は大人になった」と肯定する。しかし、もし自分がそうなったとしたら、集落の構造に取り込まれたと思っていい。都合のいい人間になったということだ。そうなった人はけっこう多い。そのうち、市、町議会に出たりして……やがて無害な存在になっていくのが常だが、本人

はそのことに気がつかない。今回の経験から、そんな視点からも自分を顧みなければならないと思うようになった。〈以上〉

産直へ

私たちの住む村は、山形県置賜地方にあり、水田の多い穀倉地帯だ。そのコメ作りは農協の技術指導を受けて行い、そのための農薬、肥料、資材を農協から買い求め、できたコメを農協にもっていけばそれで終わり。これを何十年も繰り返してきた。市場の流れや、社会の動向になどあまり関心を払わなくても暮らしていける。極端に言えば、農民の関心が、我が家と田んぼと農協の中だけであっても何の不都合もない。長い間、そうした生産活動が続いてきた。そのあり方が、農民の社会的意識の広がりを狭めてこなかっただろうか。減反拒否で気づいたのは農民の農業に対する社会的な認識の狭さだった。このように言えば「何を思い上がっている」と言われそうだが、共同防除などの休憩の時間などでその時々の農業のことを話題にしても、いつも半径五百メートルにおさまるような噂話で終わってしまうのが常だった。これでは「減反」には立ち向かえない。もっと広い世界から自分たちの村や生産活動を捉え返してみる必要があった。村の人たちと一緒にそれができたらおも

えっ、オレ？　カッコいいじゃないか！　こんな頃もあったよなぁ。

しろい。

そう思った私は、都市の消費者運動との産直交流ができないだろうかと思い始めていた。消費者運動を村から見たとき、自分たちの暮らしを自分たちの自発的活動で守っていこう、つくっていこうとする、我々農民にはない主体性、能動性を感じていた。この運動と私たち農民の暮らしが結びつくことができたなら、私を含め、村の意識もずいぶん刺激されるだろうなと思っていた。そのつながりの中に農民たちが作ったお米を流すことができれば結びつきはよりしっかりしたものになっていくに違いない。減反反対という短兵急な方法によってではなく、「理」と「利」を結び、もっとゆっくり時間をかけていけば、経済活動というだけでなく、私たちのものの見方、考え方に影響を与える一つの社会運動、文化運動となるだろう。二七歳の農民の減反反対運動の手痛い失敗から得た一つの結論だった。

タマ消費生協を訪ねる

東京のタマ消費生協（現「生活協同組合パルシステム東京」、以後「タマ生協」と略記）には大学時代に私が親しくしていた友人たちがいた。というよりも、その友人たちが地元の住民と協力して立ち上げたのがタマ生協だった。友人たちとは明治大学生田校舎で、あの政治的動乱の時期を共にした、かけがえのない仲間たちのことだ。また、タマ生協には初代理事長として明治大学学生運動の先輩で、当時、工学部建築学科で教鞭をとっていた中村幸安さんや、やがて生協パルシステム連合会の理事長になっていく若森資朗君たちがいて、できたばかりの生協運動を支えていた。

反減反の取り組みの翌年だから一九七八年だったと思う。タマ生協の事務所を訪ね、理事長の中村さんにこれまでの経過をお話しし、生協と農協との提携の可能性について相談した。

「産地、西根からタマ生協にコメを、代金はタマ生協から西根に。築きたいのはそんなコメとお金の交換で終わる関係ではなく、そのパイプを通ってものの見方、考え方が通い合い、お互いが変わっていけるような活きた関係です。我々はタマ生協のような都市部の消費者運動とこすれ合うことによってさまざまな気づきを得ることができるでしょう。また、都市部の生協組合員も山形の農村部との交流を通して食糧問題や、農業、農村問題を学び、都市の課題により深く気づくきっかけにもなるでしょう。求めているのはそんな交流です。また西根は生命系資源の豊かな農村でもあり、食糧の面だけでなく、ちょっと遠いですが、田舎らしい休息を提供できると思います」

西根というのは、私たちの集落のある旧村だ。当時、農協も西根農協としての単協だった。中村理事長からは肯定的な答えをいただいた。

「趣旨は分かった。一度西根に行かなければな」。答えは明確だった。共に同じ時代の山や谷を歩いてきた者同士。言葉で埋める世界は最小限で済む。

その後、私は西根農協に工藤信一組合長と青木部長を訪ねた。これまでの経過を報告し、農協と生協との連携の必要性やタマ生協が信頼できる生協であることを説明した。

農協と生協との協同組合間連携は北多摩生協などの限られたところでは行われていたが、まだ一般的ではなかった。西根農協においてもその必要性は認めてはいたものの、生産団体と消費者団体とが仲良くしていくことは良いことだというそんな認識の域を出ていなかったと思う。私の説明を受けて、タマ生協がどんな生協なのか、どのような連携が可能か、まずはお会いして話を聞こうということになった。こうした前向きの対応になったのは、組合長などのリーダーシップが働いたこともあったが、そんな時代がすぐそこまで来ていたということでもあったろう。

矛を収めたとはいえ、私の減反拒否の行動は農協の方針に逆らっていたわけで、このことが地域に波紋をつくり出してはいたが、生協との関係づくりにマイナスの影響を与えるほどではなかった。組合長や参事の積極的意見が生協との連携に前向きな環境をつくり出していった。私は農協青年部の一員でもあり、同じ話をその役員会でもしていた。青年部の仲間たちは、これから何が始まろうとしているのか、少し緊張しながらも私の話を期待を込めて受け止めてくれた。

あの頃の農民（特に水田の多い東日本）の運動は米価をめぐる価格闘争が中心だった。政府に設けられている「米価審議会」で、その年の米価が決められていたため、米価をめぐる運動は政府に対する全国的な価格要求運動となっていた。また、米価審議会の場は、食管制度の「赤字」を受けて、制度を廃止し一般の野菜と同じように市場にまかせようとする政府側の考えと、制度を維持し、衰退する農業に歯止めをかけようとする農民の考えとが激しくぶつかるなど、農業政策をめぐる闘いの場ともなっていた。

前にも少し触れたが、食管制度は、もともと二重米価制をとっていた。生産者には再生産できる価格を。消費者には暮らしが成り立つ価格を。いわば生産者から高く買い入れて、消費者に安く売る。生産者保護と消費者保護を両立させるための制度として、それぞれ別建ての算定で価格が決められていた。だから赤字は当然だった。しかし、その幅を大幅に縮小したい政府は生産者米価を低く抑え、消費者米価との格差をできるだけ小さくしたいと考えており、その政策は、国民的支持を得つつあった。さらに「コメが余っているからコメを減らせ」という減反政策も始まっていた。

こんな難しい状況下での生協と農協との連携話である。米価がどうしたという以上の考え方が双方に求められていたわけだが、農協は生協との間で、西根の米を安定的に消費してくれる関係を築けるならありがたいとして協議の場に立ったと思う。残念ながら、それ以上ではなかったが、始まりはそれでいい。

さて話はもとに戻る。それからしばらくして生協の中村理事長と組合員代表の人たちが西根農協を訪ねてきた。西根農協では組合長以下生産者団体の方々が総出で迎えた。何しろこんなことは長い西根農協の歴史においても初めてのこと。まだ近隣の市町村にもそのような事例がなく、それだけに、迎える側としての農協理事や生産者にとっては、かなりの緊張があったと思う。「お見合い」は成功裏に終わった。

幾度かのやり取りを経て、両者の協定が結ばれ、翌年から西根のコメは数千俵単位で生協に出荷されていった。

米価闘争で上京した西根農協のデモの隊列にタマ生協の組合員が合流する。「えっ、彼らは米価を下げろという人たちではなかったのか？　上げてくれという私たちとどうして一緒に？」「それはね、農業を守ることは都市の消費者の願いでもあるからよ」。こんなうれしい会話が飛び交う。田植えや稲刈りのたびに生協の組合員家族が来てくれて農民と一緒に田んぼに入る。農協婦人部がタマ生協を訪問する。活発な行き来が始まった。私はそのつなぎ役として打ち合わせに、交流事業に、座談会に、また、タマ生協との調整にと忙しい日々を送っていた。

夜学校――集落の子どもたちと作った紙芝居

「よしひであんちゃー、あそぶべぇ!」。畑で農作業をしていると子どもたちがやってきて、なんだかんだと話しかけてくる。「さちこねぇちゃんとどこで知り合ったなや?」。さちこねぇちゃんとは妻のことだ。「このスカート母ちゃんからもらったんだぁ。似合うべ?」、「ちっちゃいときは頭よかったかぁ?」

一人で来るときもあるし、二～三人で来るときもある。見ていると学年を超えて一緒にやってくることはない。男の子、女の子が一緒にということもなかった。私の子ども時代は、男も女も学年を超えて、一つの群れのようになって遊んでいたのだけれど、そのようなつながりは無くなっているのだろうか。それでも入れ替わり立ち替わりやってきては話しかけ、からかったり、ふざけたりしていく。いつの時代も子どもたちはかわいい。私の集落は四三戸だが、当時、小学生だけでも二十数人いた。そんな中から、自然な流れで子どもたちに勉強を教えることになっていった。

土曜日の夕方、集落の子どもたちのほとんど全員が公民館に集まってくる。子どもたちはこれを「夜学校」と呼び、週に一回、ほぼ休むことなく一一年の間続いた。私の都合が悪いときは、小学校で教師をしている妻が代わりをやってくれた。

夜学校の中身はこうだ。まず前半の三〇分は教科書の勉強。勉強といっても、私はほとんど教えない。初めの頃は六年生が四年生に教えたり、四年生は二年生に教えたりと、上の子が下の子の面倒を

夜学校。集落の子どもたちと共に

見るような関係に誘導したが、すぐにそれは定着していった。もちろん同級生同士も教え合う。勉強といっても一週間に一回、三〇分間。成績が上がったかといえばそれはほとんどなかったに違いない。また、それが目的でもなかった。後半の三〇分は私が詩や民話を読んだり、さまざまなゲームをしたりと自由に過ごす。勉強も遊びも、子どもたちが学年を超えて、あんちゃん、ねぇちゃん、小さい子たちが入り乱れて一緒に過ごすことを大事にした。それによって生まれる集落の中の共同の思い出、仲間意識。それらは将来にわたって子どもたちの宝となり、支えとなるに違いない。そうなってほしいと思っていた。

「野々口へ車ガラガラ暗いうち」、「雪降ればみんなスキーだ西根の子」など西根地区の文化振興会が作った「郷土かるた」がある。野々口とは荷車で行けるギリギリのところで、その上は山。村人はそこから先は歩いて登り、草刈り、柴刈り、炭焼きなどを行った。

西根の風土や歴史をこんなふうにおさめた郷土かるたは、地域を知るうえで格好の教材だった。子どもたちはそのかるた取りに夢中になった。彼らはすべてをそらんじていた。また、お墓の周りをまわってくる「肝試し」、夜学校の創立記念日にはみんなでカレーライスを作って食べるのが恒例となっていた。このように夜学校では、地域を舞台にたくさんのことをやったが、その中の一つに紙芝居作りがある。村の中に残されている先人の足跡を紙芝居にしてみようという企画で、題材は伝説やら実際にあった話などいろいろだが、すべて子どもたちがストーリを組み立て、構図を考え、絵を描いた。一つの紙芝居を作るのに二年余はかかった。もちろんそればかりやっていたわけではないが、実際五つの作品を作るのに一一年かかっている。できあがった紙芝居は家族の人たちや集落の人たちに集まってもらい、発表会を開き、披露した。

我々が生まれ育ったこの地域は幾百代のタスキ渡し、幾千代の楽しみの先送りの総和。地域に重ねられた願いの中で子どもたちは育まれてきた。この子らが大人になる頃には少しでも安んじた暮らしができるように……という願いを込めて、先人たちは山野に通い続けてきたのだろう。その足跡が今でもこの地域にさまざまな形で残っている。

やがて大きくなって、ここから出ていくことがあったとしても、そんな先人のタスキ渡しに込められた温かい思いに守られて暮らしてきたこと。それへの感謝を忘れないでほしい。できるならばその学びを通してこの地が好きになり、この地で育ったことを感謝と共に振り返ることができるならば……夜学校の目的は達成だ。さらにそのタスキを受け取り、この地で歩み始めてくれるならば、この上ない喜びとなるだろう。

私は農業、農村で生まれ育ったことが劣等感となっていて、そこから七転八倒してようやく抜け出てきたが、この子らがそのような回り道をたどることなく生きられたらいい。紙芝居作りに期待したことはそんなことだった。でも、改めて振り返れば、そんな回り道も良いもんだけれどナ。

一作目は江戸時代、農民の自主事業として堰を通して農地の整備を図り、難工事に苦しみながらも成功した「栃の木堰の話」、次は平安時代、源義家を先頭に京都から攻めてきた軍に、地域の人たちが協力してそれに立ち向かった「卯の花姫」の話。傷がまだ治まらない戦後、村に元気を取り戻そうと青年団が、村を挙げての地区運動会を提案し、実現した話の「村の運動会」。牛や馬、人力による農作業の時代から今日まで、地域を支えてきた「じっちゃ、ばっちゃの話」。そして村の小学校の歴史を振り返った「私たちの学校」と続いた。

後述する「百姓国際交流会」（一〇九ページ参照）の実行委員長に私が就いた一九八九年で、夜学校はいったん休止し長期休みを続けているが、その卒業生はすでに四〇代となり、今の集落を支えている。

閑話休題 1

土が恋しい

ほら、私の右手と左手を見てごらん。

右手には土、左手には砂がある。私は地元の小学校四年生たちを前に話し出した。

土と砂では違うよね。土は軟らかい。香りがある……。砂はジャリジャリして硬い。香りがない……。

土と砂を分けているものはなんだろう？　それはね、植物や動物たちの遺体が含まれているかどうかなんだ。そう、土は今までこの地で生きていたものたちの遺体と岩石の成分でできあがっている。

地元の小学四年生の子どもたちを前にこんな調子で話し出した。もっと続けよう。

岩や岩くずに最初に棲みついた植物は、コケのようなものかな。それらが朽ちて少しの土ができる。その何千、何万回の繰り返しの中からやがて草や木ができ、動物たちが生まれ、それらがつぎつぎと遺体となり、土となってきたんだ。タヌキもいた。カモシカもいた。旅人も、いくさで倒れた武士もいたかもしれない。数十センチという土の層は、数万、数億という歳月をかけた、生きていたものたちの体積でもあるんだね。

畑に大根の種をまく。この大根の生長を支えるものは、かつてその場所で土となったすべての生き物たちだ。幾百万、幾千万の生きものたちがつくり出した力によって、大根は成長していく。大根のなかに、タヌキや旅人や武士など、かつて生きていたものたちが参加していくと言ってもいい。私たちは大根を食べながら、同時に大根の中で活かされているおびただしい生命、あるいは生命のつながりをいただいているんだね。

空を飛ぶ小鳥も、森を駆けるウサギも、道端の草も、たくさんの生命の集まりだ。それは僕たち自身にも言えることだよ。やがて、いま生きているものすべてが朽ちて土となる。でもそれで終わりではない。その土からまた新しい生命が生まれてくる。つまり、これから生まれてくるものたちは、僕たちを含む、すべての生命の集積として、生命を得て成長していくんだ。このように、生命がかたちを変えながらめぐってゆくところ、生命の循環の場が土なんだ。

さあ、外に出てみよう。スズメが飛んでいるよ。草や木が茂っている。これらは太古の昔から続いている生命の集まったもの。それを見ている君も膨大な生命の集まりだ。

土の上に、土とともに、土に感謝して生きる。僕はこんな気持ちを大切にしたいと思っているんだ。

だいたいこんなことを話して小学校をあとにした。でもね、最後まで話さなかったことがあるんだ。それはね、もう終わりかなと思ったとき、病院をこっそりと抜け出し、裏山めざして歩いていこうと思っていること。行き交う人に「ワラビになるんだ」「ブナに参加するから」と笑顔で説明しながらね。そうしなければ生命のめぐりの帳尻が合わないもんな。

相変わらず、あたり一面が雪の世界。ニワトリたちも私も、もう二カ月以上土を踏んでいない。土が恋しい。

第四章　減農薬のコメ作りへ

通学路に農薬が降りかかる

私が減農薬米運動に取り組むようになったのは、ヘリコプターによる農薬の空中散布が始まった翌年、一九八五年のことになる。私たちは「空中散布」を「空散（くうさん）」と呼んでいた。空散のある日は早朝から頭上をヘリコプターが飛び交い、農薬を霧状に散布する。村全体が農薬のドームで覆われてしまう。

空散の背景には若い労働力の不足や農民の高齢化といった現状があった。農協は、空散を仕方がないものとして推進しており、多くの農民の支持を得ていた。その規模は、置賜一円に、さらに（細かく確認したわけではないが）、東北全体に広がっていたように思う。

子どもたちが学校に通う道は大概が田んぼ道だ。農薬散布は子どもたちが登校する前に終わるよう、朝一番に実行するよう配慮されてはいた。だが、朝日が昇り、空気が暖められると、いったん落ち着いたかに見えていた農薬は、再び浮かび上がってくる。私も子どもたちと一緒に登校路を歩いてみたのだが、あたり一面農薬の匂いが立ち込めていて、気持ち悪いことこの上なかった。大気は農薬に汚染されていることはあきらかだった。そんな中を子どもたちは黄色いランドセルを背負い、テクテクと歩いていく。せめて空散の日は、保護者が子どもたちを車に乗せ、学校に送ろうと当時の教頭に交渉したが、「集団登校は教育の一環ですからそれはできません」の一点張りだった。自分もその行程を子どもたちと一緒に歩いてみれば分かったのだろうが、隣町から通ってきていた彼女は、車から降りてみたことはなかったに違いない。もし一緒に歩いていたら、その「教育の一環」がいかに子どもたちの健康に悪いかが分かったはずだ。いや、分かったとしても建前の陰に隠れて自分では責任を伴った決断をしなかったのかもしれない。そんな態度がありありと見えた。

だが、最終的に子どもの健康に責任をもつのは親であって学校ではない。そう考えた私は、集落の親に呼びかけて、空散の日は共同で車を使い、登校するようにしたが、学区は広い。多くの子どもたちは農薬にさらされたまま歩いていた。

空散を止めなければならない。だが、単なる「反対」では空散に頼らざるを得ない農家には受け入れられない。地域の中にも空散に反対する声はあったが、農家に遠慮して運動とはならなかった。農民の内側からの反対運動はさらに難しい。

どうすればいいのか。減反反対運動の教訓として、大衆運動には「理と利の調和」が肝心であることを学んでいた。

村の農業が成り立つことと、空中散布を止めることとが一緒にできる解決方法はないものか。空中散布に反対することが、あるいは反対をしないまでも自分（たち）の田に空散をしないことが「理」であり、同時に「利」でもある解決方法とは何か。

これに対する私の結論は「減農薬実験田」と生協との産直だった。まず、農協に働きかけて、我が家の田んぼに空散除外地を作り、それを農協と生協との連携した取り組みとなるよう働きかける。この取り組みは、出発は私一人であっても、やがて地域全体、農協全体に波及させていく。そのように考えて、計画を練っていた。

そのため、実験田はまず、誰でも取り組める減農薬の稲作技術によって維持されていくこと。特別な人しかできない取り組みならば波及は難しい。次にそこから取れたコメを生協に、できれば少しだけ高く買ってもらうこと。そこに利益があること。「理と利」を含みながら空散停止に向けての大枠をこのように定めた。

私たちの村はコメ作りと養蚕で暮らしを立ててきた。養蚕が姿を消した今はコメとわずかにある畜産が唯一の産業と言ってもいい。しかし、毎年続くコメの値下げと減反の拡大が農民の家計を圧迫していた。ただ漫然とコメを作っていたのではコメの凋落とともに村全体が落ち込んでいくだけだ。でも、農協もこれといった手を打てないでいた。小さくてもそこに利があるならば、村の生活環境を守るだけでなく、生産者の生活と地域の稲作をも守ることにもつながっていく。実験田の役割は大きい。

当然のことながら実験田は、私一人の個人的試みではその目的を果たすことができない。農協と生協の参加、協力を得て、共同の実験田としての性格をもつ必要があった。幾度かの話合いによって、生協に続いて農協の参加も得ることができた。実験田の第一歩は五〇アールの私の田んぼから始まった。そこには、「農薬を減らすコメ作りの方向を確立するために農協と生協と生産者が協力して取り組む実験田である」とうたった大きな看板が立てられた。それは農協が立てた看板だ。また、実験田の周囲には農薬の空中散布除外地を示す赤い旗が立てられた。農協が参加して初めて可能な赤い旗だった。農協がこのように動いたのは生協の働きかけが大きい。それが無ければいくら私が「正論」を主張しても、減反の二の舞いだったと思う。理と利。また、農協の現場の営農指導員も課題を共有し、共に考え、一緒に取り組んでくれたことも大きかった。少しずつ流れができてきた。こうして、最初の一歩を踏み出した。

実験田をつくる

私一人の取り組みから始まった実験田ではあるが、翌年から取り組む農民は四人となり、四つの実験田ができた。四人となれば一つの集団だ。私一人のときとは違う。代表を選び、調整役を一人置く必要があった。代表には菅野市三郎さん、調整役は私が担うことになった。市三郎さんは我が家の本家にあたる人で、大農家で篤農家でもあり、周りの農家からの信頼も厚い人だった。私は小さい頃からよく本家に遊びに行き、家族同様にかわいがってもらっていた。市三郎さんのことを私は親しみをもって「市あんちゃ」と呼んでいたが、市あんちゃは農民になりたての頃から稲作の技術的なこと、世間のことなどを、聞けば何でも丁寧に教えてくれた。その市あんちゃが代表を引き受けてくれたことの村に与える影響は大きい。

さて、四人の実験田では、除草剤はそれぞれ一回使ったものの、殺虫剤、殺菌剤は三年間で一回使っただけ。四人の実験田は成功だった。そしていくつかの技術的な体験と教訓を得た。それらは上からの指導によって与えられたものではなく、ささやかではあったが自分たちの実践の結果、初めて得ることができた自前の教訓だった。村の中では四人とも専業だからできたのだとの声も聞かれたが、おおむね好意的に迎えられた。ただ一部に「実験田から害虫が飛んできて周りに被害が出たら、いったい誰が責任を取るのか」という声もあった。さまざまな反応が返ってくる。それだけ我々の実験田が投げかけた影響が大きかったということだろう。

私一人での実験田が一年。四人の実験田が三年、合わせて四年の取り組みだった。実験田の役割は終わった。作付面積を増やし、実践に入るときがきた。生協と農協を通して、初年度の減農薬米の目標収穫量を二〇トンとし、価格を決めた。一俵あたり八〇〇円加算。一〇アールあたり九俵とれるとして七二〇〇円の加算となる。得だと思えるような額ではない。それでも生協と農協との話し合いの結果だ。私たちは納得した。いよいよ春から実践が始まった。減農薬米の栽培地があっちにポツン、こっちにポツンとあったのでは意味がない。空散の農薬が風に流されて入ってくるからだ。予定地は大きな団地でなければならない。その予定地を決め、私たちは該当する農家に参加を募って歩いた。その結果、予定地のすべての農家(一三戸)が参加してくれた。集落三三戸の農家のうちの一三戸だ。これは大きい。参加した農民の構成はさながら日本の農民の縮図だった。大工がいる。ペンキ屋がいる。保険業もいる。もちろんコメの専業農家もいる。もしここで減農薬米を成功させることができたなら、その意味するところは決して小さくはない。私たちの実践は八〇〇ヘクタールの西根全体に波及させることもできるだろう。もちろん空中散布を中止にもっていくこともできる。そうなれば農薬使用量を村全体で減らすことができるだろう。一三人の会の名前が決まった。その名は「減農薬米みのり会」。空中散布の除外地を示す面積がさらに大きく広がる。

みのり会の研修旅行

私たちは対象を有機農業に限定せず、減農薬米とした。それは多くの農家に参加してもらうことで、空散中止の目的を果たしたかったからだ。全体が黒の画面の中に、ポツンと真っ白があったとしても、それは遠景では黒。インパクトはあるものの、環境全体から見ればその白は無いに等しい。また、その小さな点では、それがいかに白くても、それだけでは空散を止めることはできない。今は地域全体の黒を地域全体の灰色にもっていくことだ。ポツン、ポツンの無農薬ではなく、地域で取り組む、面としての減農薬だ。

一九八六年。農民になって一一年経ち、歳も農民として中堅、三七歳になっていた。

カメムシが出た

この年の秋、仲間の伝さんの収穫したコメからカメムシの被害が出た。稲刈り作業の最中、田んぼにいる私に重さんが知らせてくれた。それは殺菌、殺虫剤を控えてコメを作る私たちが一番恐れていたことだった。生協の注文通りのコメが集まらなくなる。何よりも伝さんの収入が大きく減ってしまう。伝さんをこの運動に誘ったのは私だった。申し訳ない気持ちが募る。もし、他の人にも被害が出たら、減農薬運動は終わりとなるかもしれない。私は動揺しながら、稲の刈り取りを途中で止め、重さんと二人で伝さん宅に向かった。頭の中がポーッと熱くなり、胸が苦しくなってくる。

伝さんと奥さんは新聞の上に並べたコメ粒を見ていた。二人は明るく振舞っていたが、緊張していることはすぐに分かった。重さんと私は、挨拶もそこそこに玄米を見せてもらった。カメムシに喰い付かれた跡が琥珀色の玄米の中に、黒くポツポツと見えた。これでは一等米にはなれない。伝さんは「五〇俵の減農薬米のうち、三二俵が二等米になった」と告げた。

ここでコメの等級検査について説明しておかなければならない。田んぼでコンバインによって刈り取られたコメはそれぞれの作業舎に運ばれ、乾燥作業の後、籾摺《もみす》り作業を経て玄米となり、出荷となるが、これら一連の作業の中でも一番緊張するのは初めて玄米となったコメを見るときだ。

カメムシの被害があったか、無かったか。じっと見る。もしカメ虫に喰い付かれていたなら、黒い食痕米が混じる。それが千粒の中に〇〜二粒以内ならば一等米。三〜五粒ならば二等米。六粒以上ならば三等米と格付けされていく。それによって支払われるコメ代金も変わるのだ。一段階が下がるごとに価格は六〇キロあたり一〇〇〇円ほど下がっていく。千粒の中にたとえ六粒の食痕米が入っていたとしても、味に変わりはなく、食べて分かるものでもない。私などは、それよりも散布農薬を減らしたほうが環境にも、食べる人、作る側の健康にもはるかに良いに決まっていると思っている。しかし、この農水省の定めた等級検査には一切そんな視点がない。それどころか農薬の散布回数に歯止め（となる規制）が無いため、散布は、一回よりも、二～三回のほうが殺虫効果は高いし、四～五回のほうがもっと高くなると考えられている。いくらかけてもいい。

そのうえ、我々にとってより深刻なのは、一等米だけが「自主流通米」となって、指定された消費地に向かうことができるということだ。タマ生協に届けることができるのは一等米だけ。それ以外は、たとえ減農薬米といえども他の一般米と混ぜられ、全国の市場に消えていく。二等米の生産者には予定していた加算金は支払われなくなる。これは大きな痛手だ。

生協と共に我々が求めているのは農薬を減らしたコメ作りだ。多少の食痕があろうとも全くかまわない。けれど現行の国の制度では、農薬を削減する取り組みは、それ自体として全く評価されない。これでは我々の試みは生き残れない。つぶされていく。

農家は当然のことながら一等米を目標にしてコメを作る。「みのり会」でも同じだ。伝さんの場合、もし、この運動に参加していなかったとしたら殺虫剤の空中散布を実行していたはずだから、一等米になっていたかもしれないわけで、その場合と単純に比較すれば五万七千六〇〇円の減収となる。この差は大きい。

他の人たちのコメはどうなのだろう。カメ虫の話を聞いたらショックを受けるに違いない。とにかく、他の一二人のコメがどうなのか、出そろうまでもうしばらく様子を見よう。また、伝さんの二等米はすぐに出荷せず、対応策が決まるまで、農協倉庫の隅にでも積んでおいてもらおうと話し合った。

「必ず打開策があるからがっかりしないようにしてけろなぁ」

当てなど何もなかったが、慰めにもならない言葉をかけて伝さんの家をあとにした。田んぼに戻りながら一二人一人ひとりの顔が浮かんだ。ゆとりをもって稲作をやっている人は誰もいない。総勢一三人のうち、農作業の合間を工事人夫として働く人は四人、臨時を含む工員が二人、ペンキ屋の手間稼ぎが一人、歳をとって他の仕事ができなくなった人を含めて専業農家が六人。それぞれが隣り合わせて田を所有し、一つの団地を形成している人たちだ。空中散布に反対する人、コメ作りの手ごたえを求めている人、酒を酌み交わしながら今の作り方や、昔の作り方について話し合えることを何よりも楽しみにしている人、周りが参加するならと引きずられてきた人など実にさまざまだ。そして全員似たり寄ったりで一様に金がない（たぶん）。だから減農薬にはささやかではあっても、それぞれが収入増の期待をかけていた。今年の失敗を来年のコメ作りで取り返そうなどと余裕のあることを言える農家は少ない。もしかしたら「みのり会」は壊れてしまうかもしれない。芳秀に乗せられてみんなが損をしたということで村じゅうの茶飲み話になるだろうなぁ。いずれにしろ、あと一週間で結論が出る。そう思いながら稲刈り最中の田んぼに急いだ。

コメ検査の日

集落の前に広がる水田の稲刈りはほぼ終わりにかかっていた。その頃になると、あっちでもこっちでもカメムシの被害が話題になっていた。被害にあったのは伝さんだけではなかったのだ。空中散布を行った地帯も軒並みやられている。

「一二〇万円の減収だ」、「いや俺は五〇万だよ。どうすんべ？」。こんな声がため息とともに村じゅうから聞こえてくる。

「もっと強い農薬を使えないか」

「殺虫剤の空散回数を増やせ」

などと、来年に向けて農協に要求する声も聞こえてくる。気分が重くなる声だった。村全体が重苦しい雰囲気に包まれていた。

空散をしていない「みのり会」のコメは、私を含む全員が大きな被害を受けているだろうと予想していた。

稲を見る限り、やはり被害はあった。それは免れなかったが、問題はその数値だ。

やがて私たちのグループの多くが検査を受ける日が来た。その日の朝、重さんがやってきた。

「オイ、判決を受ける被告のような心境だなぁ」

たぶん彼も落ち着いて家にいることができなかったのだ。検査場に行かずともあとで結果を知ることはできるのだが、二人で行ってみようと決めた。

検査場に行くと、他の仲間たちも来ていた。もうじき検査の結果が出るという。

「ゆうべの酒は効いたなぁ」

「あのあと、どこまで飲みに行ったんだ?」

などと関係のない話をしているが、目も耳もしっかりと検査室のほうに注がれている。

結果が出た。

栄さんは一〇俵中三俵がカメムシにより三等米、他の七俵は一等米。邦さんは二〇俵すべて一等。

市さん、五〇俵すべて一等。光男君、七俵すべて一等。その後読み上げられるコメのすべてが一等米になった。最悪を予想していただけに、読み上げられるにしたがって緊張していた顔が少しずつ崩れていく。大丈夫だ。運動は存続できる。安堵の声が上がった。コメ作りを始めて一五年になっていたが……うれしかった。

この結果を受けて、みのり会の寄り合いが行われた。私はこう提案した。

「今晩の議題は二つあります。一つは伝さんと栄さんの被害額を二人だけのものとせずに、みんなで分け合うということ。つまり、コメ代金をプール計算とするということです。なぜなら、このたびの被害は個人の責任とは無関係な、災害としての被害だからです。二つ目は、一等米しか目的地に送れないという今の制度では、一等米にするためにどうしても農薬を余計にかけざるを得なくなります。それは私たちの望むところではありません。もちろん、生協もそうでしょう。そこで生産者団体と消費者団体が特定しており、また両者を流れるコメの量も特定できるならば、そのコメが一等米であろうがなかろうが、契約地に届けることができるよう、農協・経済連に要望書を持っていこうということです。これがなければ来年以降も安心して減農薬運動に取り組むことはできません」

二つの議題は即、承認された。みんなの顔はとても穏やかだった。酒がふるまわれた。一年間の苦労話、特にカメムシの害についての話が中心となった。和やかな宴会がいつまでも続いた。減農薬運動は来年も全員で取り組むことになった。

にぎやかな宴が続く中、建ちゃんから自作の「減農薬米みのり会の歌」が披露された。

1　西山の三階滝の不動明　清める水で米作り　栄える里よわが命　ああみのり会
2　西山に夢みる多摩の娘まぼろしの　稲穂が待っている命米　栄える里の我が命　ああみのり会
3　西根郷手を結んで作る米　汗水ふくんだゴールド米　栄える里は我が命　ああ我が命

歌の得意な邦さんは、相撲甚句のメロディに合わせてこの詩を歌った。私は聞きながら涙腺が緩むのを押さえられなかった。和やかな宴会がいつまでも続いた。減農薬米運動は来年も全員で取り組むことになった。

農薬多投を前提としたコメ検査制度の矛盾

みのり会二年目の秋が来た。会員たちが減農薬米に取り組む面積は昨年の二倍に増えていた。検査の日。昨年は伝さん、栄さんのコメからカメムシが出たが今年はどうだろうか？　やっぱり家で結果を待つことができず、検査場に出かけた。「どうだった？　みのり会のコメは」。農協の職員から伝票を受け取りながら聞いた。「うん、かなり二等米が出たよ。やっぱりカメムシだ。出たのは伝さん、栄さん、作さん、市さん、市三さんの五人だ」。昨年よりも被害が大きい。私は家に帰るとすぐに伝さんのところに電話した。奥さんが出た。結果はすでに知らされていた。

「二年続きでカメムシにやられた。とうちゃんはこれ以上迷惑かけられないので、来年はみのり会をやめると言っていた」。市三さんに電話した。市三さんも「特別に神経使った割にはあまりトクにはならないのでやめようかと思っている」とのことだった。胸にズシリとこたえた。会合を開かなければならない。それもすぐに。

「寒いところお集まりいただきありがとうございます。今日集まっていただいたのは、今年も私たちのコメにカメムシの被害が出たこと。これにどのように対応するかについてです」

重さんから被害状況が説明された。伝さんも市三さんも表情は堅かった。事務局の役割を担っていた私は、被害米を生協に届ける道は二つあることを説明した。一つは色彩選別機を使ってカメムシの食痕のある斑点米を除き、すべて一等米にしてしまうこと。それには一俵あたり千円の経費がかかるうえ、作業の過程で一割ほどコメが減ってしまうリスクがある。二つ目は、昨年、農協の組合長を通じて山形県経済連に要請していたシステムを活用することだ。つまり生産者と消費者が特定でき、そこに流れるコメの量もはっきりしている場合、コメの等級に関係なく産地指定した消費者に必ず届くようにするというものだった。組合長の頑張りもあって、そのルートは拓かれていた。これは全国でも例がない。我々の取り組みの大きな成果だった。私としてはせっかく拓かれたルートを活用することで、社会的に定着させたいという気持ちがあった。もしこれが定着すれば、コメの正規流通の中に生産者と消費者の連携のルートが作り出されたということであり、今後各地でより広範に生産者と消費者の提携米を作ろうとしたとき、大いに活用できるルートになるだろうと思っていた。

しかし、話し合いの中で決定した方法は前者で、選別機を使う方法だった。理由はこうだ。私たちみのり会のコメだけが、二等米でも特別扱いとなることに対して、他の人からねたまれたらどうするのかというものだ。後者の方法には理屈の正しさがあっても、村人の感情はそうならない。必ず反発がくる。だからそれを避けたほうがいい。事の正しさや先見性よりも、なるべく「波風」を立てたくない。「和」を保つことが何より大切だという村人らしい暮らしに根ざした結論であった。同じ考え方は、被害を全員でプールし、分け合うという昨年同様の提案に簡単に全員の賛同が得られたことにも表れている。難しいところだ。

ともあれ、二等米は選別機にかけ、一等米として出荷する。二等米となったコメは個人の責任とせず、消毒しないと決めたみのり会全体の責任とし、みんなで分担することを決め閉会した。伝さんも、市三さんもやめるという意思は表明しなかった。何とか続けてもらえそうだ。

すでにふれたが、ほとんどすべての農作物について実行されているこの検査システムは農薬多投を前提としている。食べ物としての優劣に何ら問題とならない小さな特徴（それが欠陥とは必ずしも言えない）をあげつらい、二〇種類にも分類し等級をつけようとする。これが一層の農薬多投を促し、世界の耕地面積のたった〇・三％でしかない日本の農地に、世界の全農薬の一二％もの量が使用されるという異常な現状を招いているのだ。世界一の農薬大国日本。

生産し消費するという、極めて単純な行為の中に織り込まれたこの仕組みによって、たとえば環境と結びつくコメ作りなどの新しい試みが窒息させられていく。それ自体にどんな価値を内包していようが、農水省の二十数種類の検査項目を一等米で通過しなければ、その不利益のすべてが農民個人に返されていく。

村の田んぼ八〇〇ヘクタールすべてを減農薬米にしたい。環境と共存する地域農業を築きたい。健康な地域を未来につないでいきたい。生協と共に、そう思って始めた私たちの減農薬運動も、そのずいぶん手前で壁にぶつかっている。だけどぶつかりながらも少しずつ体験を積み重ねている。二年目は終わった。明けて春、一九八八年、みのり会三年目の取り組みに入る。

パートナー　タマ生協

減農薬米への取り組みを含めて、タマ生協は私たちの村に献身的に関わってくれた。お米と伝票の行き来だけではなく、それに乗せて暮らしの交流、考え方の交流をしてほしいという私の当初の要請を全面的に受け止め、一貫して実践してくれていた。

前に書いたことだが、農協婦人部が生協を訪れ、食べ物の安全性、石けん運動などの交流を重ねる。青年部が出かけ、農業にかける自分たちの思いを話してくる。タマ生協からは毎年夏、「ふるさと村」事業として西根を訪れてくれる。村で数日間過ごす子どもたちと一緒に、我が家の子どもたちや地域の子どもたちも一緒になって、星空を見上げたことや、蛍を探したこと。ろうそくの灯りの下に集い、宮沢賢治を朗読したことも。「貝の火」や「よだかの星」、「注文の多い料理店」などを読みながら村の夜の静かなひと時を一緒に過ごした。そうそう、夜学校のように提灯を持ってお墓の周りをまわってくる肝試しなどもやった。それらはかけがえのない楽しい時間だった。

さまざまな体験を共に積み重ねた日々だった。それらの出会いと催しは「みのり会」のメンバーにとってもかけがえのないひと時だった。

消費生活に必要なものを供給地から求めるだけということで産地を指定し、そこがダメになれば、あるいは不都合が生じれば他の産地に気軽に変えるという生協が多いと聞いていた。あくまで自分たちの生活の充実が主であり、そのための手段として、その限りで、田舎や農村と関わるというやり方が多い中で、タマ生協は特異だったと思う。

農業や農村の問題を都市に住む自分たちの暮らしの問題として捉え、痛みを分かち合いながら共に解決の糸口を見つけていこうという姿勢で貫かれていた。都市と農村という違いはあるが、それぞれの地域で暮らしや環境を良くしていこうとして自前の運動を組んでいる者同士の連帯感があったように思う。

地域をあげて空中散布廃止へ

一九八六年、タマ生協と一三戸の参加農家とによる減農薬米作りの実証圃が作られ、そのエリアでの農薬の空中散布は行われていなかった。

さらに歳月が流れ、一九九四年（平成六年）、西根農協は合併して「山形おきたま農協」となっていた。みのり会の運動はカメムシの被害に悩まされながらも、一人の脱落者もなく続いていた。すでに運動は実験田の段階を終え、会員は自信をもって減農薬米作りに取り組んでいた。

農協の合併と前後した頃だったと思うが、減農薬運動の成果として、生協からもっと減農薬米を増やしてほしいという要請が寄せられるようになっていた。農協はそれを「一般米」で対応しようとした。生協の要請を受け入れれば、あっちこっちに空散除外地域が生まれることになるからだ。だが、生協からは「みのり会」のようなコメ作りをもっともっと増やしてほしいとの声が、年を追うごとに大きくなっていた。

やがて農協は、その要請を受け、「みのり会」の枠を超えた減農薬米作りへの参加を広く農家に呼びかけざるを得なくなった。これは運動の成果として、画期的なことだった。だが、同時にそのことで減農薬米作りはみのり会を中心とした取り組みから、農協を中心とした事業に変わっていくことになる。また、そのことを機会に、今まで、みのり会の取り組みに批判的だった比較的規模の大きな農家も、新たに減農薬米作りに入ってくるようになった。そこには、続く低米価の中、わずかな加算金ではあったが、入るほうがプラスだとの判断があった。みのり会を中心としていた役員会の構成が徐々に変わっていく。みのり会のこだわりも農協主導のもとで少しずつ変わっていく。物事は常に単線的ではない。いろんな要素が絡み合いながら変化していくものだ。それはそうなのだが、問題は農薬の空中散布にそのことがどう反映していくかだ。

そんなある日、生協から西根で「産地確認会」を開きたいとの提案が寄せられた。タマ生協の産地を対象にして、生協と産地とがどのような課題を共有し、どのように連携しながら行動してきたかなどを、経過と共に振り返り、そのうえで新たに共同の目標を立てようというものだった。生協がずっと問題にしていたものは「農薬の空中散布」。事前に行われた話し合いでもこのことは中心課題だった。

農協は、産地として生協といい関係を続けていくためには空中散布の廃止しか方法はない、それ以外の道はないことは分かっていたはずだが、なかなか具体的に足を踏み出せないでいた。他方で農協から生協に向けて出荷されるコメは年を追うごとに増えていっていた。農協にとってこのつながりを失うことは大きな損失であることは間違いない。農協は決断を迫られていた。

私は、確認会に向けて、産地の対応の取りまとめ役になっていた。だが、いつまでも空散に対する農協の態度が煮え切らない。ギリギリまで話し合ったが結論が出ないまま確認会当日を迎えた。

私は確認会に至る産地・西根側の経過を話すことになっていた。私が大雑把に構成した話の柱をなすものは「水」。清冽な水との関わりこそ西根の誇る宝であり、文化だ。西根はブナ林の生い茂る朝日連峰の麓に広がる村。その森が育くんだ清冽な水は、暮らしの場にも、田んぼにも活かされている。その水を守るさまざまな取り組みがこの地にはある。西根の女性たちで作っている廃油石鹸運動もその一つだ。話はそこから減農薬米作り、そして空中散布に入っていく……。

言うまでもなく農薬の空中散布はそんな自然環境や育んできた取り組みになじむわけはない。一通りの話のあと、生協から質問が出た。

「空中散布はどうするのですか?」

これは私が答えることではない。脇で農協職員が「菅野さん答えてほしい」という目で私を見るが、空散をするもしないも私は言える立場にはない。言えるとすれば唯一、農協だ。「いやその役割は私ではない……」。こんなことを言おうとして立ち上がろうとしたとき、手を挙げて立った人がいた。直前に合併してできた山形おきたま農協の初代組合長だった。

「廃止する方向で早急に検討いたします」

えっ、廃止!! 生協もいた。農協の他の職員もいたし、我々地元の農民もいた。組合長は確かに廃止と言った。やめると言った。置賜から見たら西根というのは小さな領域でしかない。置賜は三市五町の自治体で構成されるが、その一つである長井市をさらに六分割した中の一つでしかない。そこに「山形おきたま農協」の組合長が参加したのは、このことを言うためだったのか! 廃止か! 廃止なら一つの村を超えて、置賜全域に大きな影響を与えることになるだろう。組合長はそれを十分承知のうえで、大きな決断を携えてやってきたということだ。農薬の空中散布廃止だ！　ついにやった。

合併以前の西根農協の組合長なら決してこのような決断はできなかっただろう。分からないからだ。関係機関が上から言ってくることには従うことはできるが、自分たちで考え、決めることは苦手。見通せないのだから、対策も立てられない。上からの指示には従うことはできる。自分で責任を取ることがないからだ。でも、道をつくることはできない。そこには道をつくる側の責任が伴うのだから。「みのり会」の取り組みにもずっと冷淡だったのは、その時代的意味が分からなかったからだろう。でも、ついに地域をあげて空中散布廃止の方向で動き出す。それは長年の取り組みが作り出した大きな、大きな成果。一〇年近いその取り組みが成就した瞬間だった。


この成果を作り出した背景にはいくつかの要因が考えられる。

一つは、何といっても「みのり会」の取り組みだろう。この日まで実験圃場を含めて十数年余、タマ生協と協力しながら、空散によらないコメ作りを進めてきた実績は決して小さくはない。それにしても、当の西根の組合長からも決して支持されてきたわけではなかったし、時には農協に同調しないということで、同じ農民からすら白い目で見られることも多かったが、それに挫けることなくよくここまで続けることができたものだと思う。集落に根差したみのり会の減農薬運動は、西根地区のみならず、長井市全体においても、唯一のそして大きな存在だった。

二つには、タマ生協の存在だ。ねばり強く農協と交渉してきた力は大きい。タマ消費生活協同組合（現在の生活協同組合パルシステム東京）がなかったならば決してこの日を迎えることができなかったに違いない。

三つには、生協との取引が増大してきていて、すでに一万俵を超えていた。農協にとって空散は、この連携を捨ててまでも、あえてやる方法ではないと判断したのだろう。

四つには、空散に対する時代の変化を理解し、それを中止という形で決断できる新しい組合長が出てきたということだろう。

五つには、環境問題に対する全国的な運動の広がりも無視できない。


直接的にはこのように整理することができようが、その成果を生み出すことができた大きな要因は「理と利の調和」。このことを常に念頭において運動を進めてきた成果だとも思っている。

時には理念を優先させなければならない時期もあった。またあるときは利益を強調しなければならない時期もあった。だが、全体として両者のバランスを考え、常にみのり会全体で情報を共有し、よく話し合い、行動を共にしながら取り組みを進めてくることができた。このことは運動の勝利の大きな要因だったと思っている。


翌年から西根地区の空中散布は廃止された。この西根の出来事をきっかけにして、置賜地方（三市五町）のヘリコプターによる農薬の空中散布は全面的に無くなった。登校する子どもたちを巻き込むことは無くなった。村を農薬のドームで覆うようなことも無くなった。今、農家の農薬散布はラジコンヘリか、動力散布機で行われている。

閑話休題 2

戻ってこいよぉ！　やり直さないかぁ！

濃いミルク色の霧が少しずつ上がってくると、そこにさまざまな色合いをもった秋の風景が顔を出す。さわやかな青空。紅く色づいた山々、紅葉した落葉樹、庭先の黄色い柿、赤いリンゴ……。カラフルな秋の到来だ。

ところで俺は間もなく七二歳になる。一年の齢《よわい》を重ねたからといって特別にどうってわけではないが、このところよく俺が小さかった頃のことを思い出す。そのたびに、俺たちの暮らしはずいぶんと変わったもんだと改めて思う。

俺がまだ洟垂れ小僧だった頃、東北は山形県の農村でのことだけど、当時は家の中の囲炉裏やかまどでご飯を炊いていた。その煙が村じゅうの家々の屋根から立ち上っていく。だから夕方になると村はうっすらとした煙でおおわれていた。

男の子は坊主頭で女の子はおかっぱ頭。子どもたちは風邪をひいているわけではないのに一様に洟を垂らしていて、それも透明なものではなく、どういうわけか鼻汁は濁っていた。それをしょっちゅうこするため、上着の袖はピッカピカに光っていた。着ているズボンはほとんどが兄や姉からのお下がりで、膝やお尻に丁寧にツギがあてられていた。そんな子どもたちが村のあっちこっちで歓声をあげながら走りまわっていた。村全体が子どもたちの遊び場だった。にぎやかと言えば村の中にはヤギやニワトリ、牛や馬が飼われていて、夕方になると「ヒヒ〜ン」や「モオ〜」、「メエー」や「コッケッコッコ〜」など、動物たちの鳴き声のオンパレード。エサをねだる声が聞こえてくる。犬は当然のことながら放し飼いで、村中を自由に歩き回り、恋をしたり、ケンかをしたり……、ストレスの少ない犬自身の人生を楽しんでいた。

そういえばあの頃は酔っぱらった村人がよくもたれ合いながら歩いていたっけ。どこかの家で酒をご馳走になり、「今度は○○の家に行くべぇ」「いやいや、おらえさ行くべぇ」と一升瓶をぶら下げながらふらふらと。あっちの家、こっちの家と飲み歩く。寄るところはたくさんあったのだろうな。我が家にもしょっちゅう酒飲みが来ていた。実際のところ、村人はよく働いたがよく飲み、よく酔っぱらっていた。

こんな光景も思い浮かぶ。ばぁちゃんたちの立ち小便。腰巻を前後に広げて、畑のほうにお尻を突き出し、両足を広げて「シャーッ」と。小便をしながら道行く人たちと立ち話をしていた。「今からどこさ行くのや」「うん、買い物に。お前もえがねがぁ」「うん、えぐ」なんてな。そんな光景に何の違和感もなかった。ごく当たり前のことだった。

お金のかからない自給自足の暮らしだった。モノはないけれど、のどかでのんびりとした時間が流れていた。貧しかったけど、子どもも大人もどこかで将来に「希望」をもっていた。

それからずいぶんと時が流れた。イガグリ頭やおかっぱの子どもたち、洟を垂らして外で歓声をあげて遊ぶ子どもたちはいなくなった。ツギのあたった服を着ている子どももいない。ヤギもニワトリも、牛も馬も消えてしまった。村を歩く酔っ払いも、立ち小便のばぁちゃんもいない。犬はすべて鎖につながれ苦しそうだ。村はきれいになり、静かになった。だけど……。

そして人々はやたら忙しい。子どもたちから大人まで、あわただしく暮らしている。村人同士の関係もずいぶんと希薄になった。大人たちの口からはため息を聞けても希望を語る言葉が聞かれなくなって久しい。モノはたくさんあるけれど、みんな……あんまり幸せそうではない。どうしたんだろう？　どうなってしまったんだろう？　どこで間違ってしまったのだろうか？

おーい！　戻ってこいよぉー！　ヤギもニワトリも、牛も馬も、イガグリ頭やおかっぱの少年少女も……酔っ払いも、立ち小便のばぁちゃんもみんな戻ってこい。そして、そして……みんなでもう一度やり直さないかぁー！　今ならできる。まだ間に合うから。

第五章　置賜《おきたま》百姓交流

野良に働く兄弟たちよ！

置賜百姓交流の話をしたいが、そのためには話を私が百姓になった頃まで戻さなければならない。百姓として生き直す。農村であることを誇れる地域づくりに貢献したい。そのための取り組みを生まれ故郷から始める。そんな志をもって帰ってきての、農民一年目。すでに書いたようにすぐに遭遇したのが減反政策。一年目といえども黙って受け入れるわけにはいかない。自分がここにいる意味、帰ってきた目的に大きく関わることだ。何か対応できないか。多少気負いながらそう思うも、一年目の私には村で課題を共有する仲間がいない。だとすれば仲間になってくれる人を探すしかない。仲間を探そう。

当時（一九七六年頃）、白鷹町、上山市、高畠町の三地区の農民たちが中心となって「三地区交流会」を作り、非農家も含めた地域交流を重ねていた。中心になっていた人たちは、白鷹町の「白鷹通信」の芳賀則政さん、上山市の農民で詩人の木村迪夫さん、同じく上山市の農民で文筆家の佐藤藤三郎さん、高畠町で有機農業のリーダー、詩人の星寛治さんなど、駆け出しの農民から見るとまばゆいほどの人たちが集まっていた。その中に第3章の「腹を決め、田に苗を植えよう！」の項で書いた白鷹町の加藤秀一さんもいた。

私より三つ年上で当時三〇歳。専業農家。自分のことを「百姓」と称し、決して「農民」とは言わない人。卑下して使っているのではないことはすぐに分かった。彼の話はどこから始まっても「百姓としてどう生きるか」に行きつく。彼が熱く語る「百姓」とは、まさに土の上に誇りをもって生きようとする人。時代の流れにむやみに妥協せず、自分らしい一歩一歩にこだわる人。あるいは時の権力に迎合することを良しとしない、そんな生き方を含んだ言葉だった。農業を始めたばかりの私にとって、彼との出会いは衝撃的だった。それ以来、ずいぶん加藤さん宅に通うことになる。その中で得たもの、もらった宝物があったからこそ、私も百姓の一員として今までやってくることができたとさえ思っている。


さて、前章で書いたように、「百姓」として誇りをもって生きたい。そう願う若者たちにとって一九七七年から始まる米の「減反政策」は過酷なものだった。この減反に幾人かの百姓たちは拒否で応えようとした。あるいは拒否できずとも全力で反対した。それは「生き方」の当然の帰結だった。青年たちは幾度も会合をもち、話し合いを重ねていった。そしてそんな抗いが少しずつ運動としての形をもってきていた。

村では、減反政策を進める生産組合などを中心に、どこでも「足並みそろえて」が強調され、拒否者への厳しい締め付けが行われていく。隣町では、拒否者は地域の消防団をやめさせられたり、ＪＡ

の近代化資金の貸付を断られたり、政治的な圧力だけでなく、村社会からの締め出しなどの圧力が加えられていく。私の村でも、すでにそんな予兆を感じ取れるようになってきていた。だからこそ国の理不尽な減反政策には「協力」できない。ますますそのように思い、つぶされまいと必死で抗っていた。

加藤さんと私は『野良に働く兄弟たちよ！』という文章を作り、政治の力に負けることなく田畑を耕す者の誇りを守ろうと呼びかけ、長井市、米沢市、南陽市、白鷹町、川西町、高畠町など、置賜地方全域のこれはと思う人を訪ねていった。二人は、志を同じくする多くの仲間たちに働きかけていった。そこでの出会いの中からやがて「置賜百姓交流会」が生まれる。名前に「百姓」を刻んだのは加藤さんの提案だった。当時、農業ジャーナリストの大野和興さんは、「百姓」という言葉を前向きな言葉として使ったのは君たちが日本の先駆けだったと言ってくれた。

置賜百姓交流会（一九七七年結成）――さまざまな取り組み

置賜百姓交流会には三市三町から三〇人くらいの青年たちが集まった。青年団の元団長や、フォークバンドのリーダー、自称詩人、演劇サークルの監督、元学生運動の闘士などなど……歳は若いが、すでに一人ひとりが地域農業の中心的存在となっている人たちだ。そして実に多才な人たちだった。

百姓交流会はあえて代表者を置かなかった。三角形の組織は自分たちの性に合わない。その代わり各地区一～二名の世話人を置き、世話人会を作った。そこで、さまざまなことが話し合われる。企画の提案がもち込まれる。ほとんど反対はないが、ただその催しは提案者が責任をもってその取り組みを行っていくことが条件だ。もちろん応援はあり。大きな催しは全員の合議で決められた。

そんな若い百姓たちの運動が、置賜各地にさまざまな波紋を作り出していく。減反や農業問題は当然だが、それを皮切りにして、脱原発、反差別、アジア、ODA開発問題といったものや、メンバーが直接関わっていた、たとえば朝日連峰のブナ林の保護、ダムの建設問題、ゴルフ場開発問題……取り組みは多岐におよび、置賜百姓交流会は置賜地方の農民運動、社会運動などの中心的存在になっていった。置賜各地を舞台に学習会、講演会、集会、シンポジウムなどが頻繁にもたれていく。

もちろん、農業問題を主題にした農民の小さな集まりなどもよく行われたが、大きな集会やシンポジウムもほぼ年に一回のペースで行っていた。一九七七年の置賜百姓交流会の結成から五年間をとってもそれは以下のようになる。

☆「七・二農村危機突破全国集会」（東京）一九七九年（山形、宮城を中心に一〇〇名）
☆「東日本農村活動者経験交流集会」（置賜・長井会場）一九八〇年（東北各地から一五〇名）
☆「二度と銃を持つまい農民集会」（置賜・高畠町会場）一九八一年（四〇名）
☆「盧溝橋事件45周年七夕集会」（置賜・米沢市会場会場）一九八二年（五〇名）
☆「つぶすな！　日本農業　東日本交流集会」（置賜・高畠町会場）一九八三年（一三〇名）
☆秋田と岩手の「奥羽山脈に風穴を開ける農民集会」への参加（それぞれに一〇名）

ほかにも東北各県の農民持ち回り集会が毎年のように行われるようになり、それらに参加するだけでなく、やがてそれらを置賜で引き受け、主催するようになっていった。

また、上記の「盧溝橋事件45周年七夕集会」にあるように、狭い意味での「農業・農村問題」を超える取り組みも行っていた。当時、農民運動といえば農協を中心とする米価要求運動など農産物の価格をめぐる経済的な要求運動が中心だったけれど、百姓交流会では「戦争と農業・農村」などにも学習の輪を広げていて、その中から『侵略』という南京事件を扱ったフィルムを製作元から買い求め、村の小さな公民館で上映して回ったりもした。その上映会場はおよそ二〇カ所を超えた。

戦争といえば、軍恩連（軍人恩給受給者が加盟する団体）の方々と農業青年たちとの話し合いをもったこともあった。軍恩連の方々に、「皆さんの貴重な体験を、受け継がなければならないと思う。青年期を戦争に駆り立てられ、多くの仲間や兄弟を失うという苦しい体験をされました。このようなことは二度と起こしてはならないと思います。そのためにも是非皆さんの経験をお話してもらえないでしょうか」とお願いしたところ、

「それはいいことだ。私たちの経験を決して無駄にしてもらいたくない」と、持っていった案内のチラシを撒くのを手伝ってくれ、村の公民館への集まりに広く参加を呼び掛けてくれた。

そこではいろいろ話が出た。たとえば、農作業の合間、突然戦争体験の一部が生々しくよみがえったりすると、その日は仕事にならず、家に帰って布団をかぶって寝たという話や、またあるときは、ふと、戦死者、戦傷者のうめき声が聞こえたような気がすることがあるなどの話。これらの話を聞きながら、まだ戦争が終わっていない、この人たちの中ではずっと続いている。体験した方々が生きている限り、この方々の中で戦争は続いている。傷を引きずったままの農村が身近にあった。この傷は軍恩連の方々の話を聞かなければ決して見えてこなかったが、まぎれもなく村の中にあった。のどかな景色とともに存在していた。

戦争は二度と起こしてはならない。この言葉を字面だけにしないためにも、私たちは何をすべきな

置賜百姓塾。冬は百姓の学びの季節

のか。会場に集まった人たちは、戦争を体験した当事者から話を聞きながら夜遅くまで話し合った。

改めて「地域のタスキ渡し」を思った夜だった。

このような会の多くは「置賜百姓塾」で行われた。「百姓は冬に学ぶ」をスローガンにして開かれた百姓たちの冬の学習会だ。「教科書は農業、農村をどのように教えているか」とか「農村医療の実態」など、最初は農業、農村にテーマを絞っていたが、先に書いたようにやがて政治、社会的課題全般に学習の範囲を広げていった。各地区持ち回りで三〇回以上は続けていたと思う。

農民たちが担う社会運動

我々のやっていた運動は農民がやっているという意味では農民運動には違いはないが、より正確には農民たちが担う社会運動、農民が主体となって進める「世直し」運動……これは少し言い過ぎかな。でもそんな気概をもって進めていた。

自分や自分たちの利益のためだけならその運動は貧しい。そんな取り組みはしたくはない。また、それが日本の農民の利益になるというだけでも不十分だ。同時にそれが消費者の利益になり、日本で暮らす人々の共同の利益にもつながっていく。さらに言えば、その運動が国の内外を問わず、普通に暮らしたいと願う人々の共通の思いともつながっていく。進めたいのはそんな運動だ。たとえ場所的には狭い地域に限定されていたとしても、取り組みの視点は地球的広がりの中で検討され、国内だけでなく国際的に考えて見なければならない。それが我々の取り組む運動の基本だ。そう思っていた。

一九八〇年代の日本は経済成長至上主義のもと、経済効率を最優先させ、アジア諸国の経済を下請け化しながら、そのトップランナーとしての道を走っていた。私たち農民は、日本の中の非効率部門として、整理の対象に位置付けられながらも、国際的に見れば、情けないことだが、「経済大国」の一員（当時）として否応なくその片棒を担がされている。そんな視点から改めて日本の労働者の春闘や農家の米価要求運動を見れば、「アジア諸国から吸い寄せた上前を親分と子分が分け合う」構図と見えなくもない。そんな役回りは演じたくはない。日本の戦争体験から学んだ戦後世代としても、その悲惨さを体験した農村の後継者としても、あるいは青年時代に学生運動を経験した者としても、アジアの民人と連携しながら、その心を心とし、等しく腹を満たすことができるような農民運動を築いていきたい。そう思っていた。

だから、百姓交流会に集う私たちが農民運動の中から、広くアジアの現状を学び、アジアの農民とつながろうとする具体的取り組みに進んでいくのは必然だったと思う。

置賜百姓塾――フィリピンへ

置賜百姓塾でフィリピンに焦点を当てた勉強会をやったのは一九八四年から翌年の一九八五年にかけてのことだ。そのことが縁となって、フィリピンから国際会議への参加要請が届けられる。百姓交流会からの代表として、私がマニラで行われる会議に参加することになるのだけれど、そこまで、ちょっと面倒な説明が続くが、我慢してほしい。

話は戻る。一九八五年の世界的砂糖価格の暴落は砂糖産業に広く依存していたフィリピン経済を直撃した。特にもともと大地主とそこに雇われた農業労働者だけの島だったフィリピン中部のネグロス島は、自給のための畑などは一切なく、砂糖産業が破たんしたことで、全島が飢餓状態となった。このことはテレビなどを通して日本のお茶の間にも届けられていて、日本でも市民を中心にした支援の輪ができ、私もささやかだが、「貧者の一灯」を送ったりもしていた。

フィリピンで農業を支配しているのはわずかな数の巨大地主。その下で圧倒的多数の農民は土地無し農民として搾り取られていた。〝耕す者に農地を〟。この願いはネグロス島だけでなく、ミンダナオを含むフィリピン全土の農業労働者の共通の願いだった。

近代化を成し遂げる過程で、多くの国が農地解放を実現している。日本も戦後、GHQの主導によって農地改革が強制的に進められ、その後の経済発展の基礎を築いたが、フィリピンでは、農地改革がほとんど進まず、大地主と小作人の関係は植民地時代のまま残されていた。大地主と小作人が存在するのは、フィリピンが特別なわけではないけれど、フィリピンの場合、スペインの植民地時代とその後のアメリカの植民地時代に、支配階級が思うがままに土地分配を行ったことで、農地の所有形態に、他国では見られないほど極端な偏りが生じていた。スモーキーマウンテンなどのスラムは、かつて小作人として働いていた土地無し農民が生活苦から農村を逃げ出し、仕事を探すために都会に出てきたことで形成されていったという。

私たちは置賜百姓塾でフィリピンにおける農業と農民の現状や農地解放について認識を深めていったが、他方で、農村と農業の安定がその国の平和と安定にとっていかに大事かということをフィリピンを通して学んでいった。単なる経済効率で農業政策が決められていいわけはない。我々はどのような社会を望むのか。どのような未来を望むのか。そのための農業政策はどうあらねばならないのか。置賜百姓塾での話し合いは回を重ねていった。学習の場所は長井市の市民文化会館だったが、そこには毎回、他市町村からの参加者を含め三〇～四〇人の農民や市民が参加していた。

その学習会の中で『人を喰うバナナ』というアジア太平洋資料センター（PARC《パルク》）が貸し出しているスライドがあることを知り、その団体とは一面識もなかったが、すぐに連絡を取り、スライドを取り寄せる手立てを講ずるとともに、あわせて学習会の最終日に講師を派遣してくれるよう要請した。いきなりそこまで頼めたのはきっと電話の向こうの方が感じの良い応対をしてくれたからだろう。学習会には講演会ということもあって、五〇人以上の市民が参加し、いつものように活発な話し合いを行ったのだが、そのことが東京の三多摩地域から来てくれた講師を驚かせた。やがて彼が東京に帰った後、アジア太平洋資料センターに立ち寄り、こう報告したという。「フィリピンの課題で、よくあれだけ多くの参加者を集めることができたものだ。東京でだって難しいのに。不思議なところだ。それに討論の内容を聞いてまたびっくり。とても質の高い内容の討論をしていた」。それを聞いて、ちょっとうれしかったことを覚えている。実際に俺たちは置賜百姓塾でフィリピンを知るということだけでなく、フィリピンの貧困と「豊かな」日本との関係、双方の農業と農村、また、日本国内に視点を移しては農村におけるフィリピン花嫁と人権……などさまざまな角度からの討論を重ねていた。

ちなみに余計な話だけど俺たちがバナナを買うときにはデルモンテやチキータのバナナを買わないし食べない。それがいかにフィリピン農民を苦しめているか、またそれが食べ物としてもいかに汚染されているかを知っているからだ。我々がバナナを買うときは、ネグロスの農民たちが日本の市民団体との協力のもと、自分たちの自立のために農業に取り組み、その中から生産されたバナナを買い求めることにしている。

さてそんなある日、フィリピン農民連盟（KMP）から置賜百姓交流会にマニラで行われる「フィリピン小作農民のための国際連帯会議」への参加要請が届けられた。一九八五年十月のことだ。

きっかけはフィリピン農民連盟副代表のメモンさんが、日本を代表する農民団体である全日本農民組合連合会（全日農）と北海道農民連盟を訪れた際、通訳をしていたアジア太平洋資料センターの職員から、「もう一カ所ご紹介したい農民団体があります。二つの大きな農民団体とは少し違うけれど、山形県の置賜に行ってみませんか」と促され、置賜を訪れたこと。メモンさんは私たちと話したあと、一九八六年十月に行われる「フィリピン小作農民のための国際連帯会議」に、あなた方の中からぜひ代表者を送ってほしいと要請された。

「十月に？」。稲刈りの最中だから無理だと思ったけど、仲間の誰かが「こういうときは無条件に行くと言うものだ。あとのことはそれから考えればいい」と言ったことが決め手になって、「行く」と承諾した。結局、一番田んぼの面積の少ない私が行くことになった。仲間たちが私の田んぼにやってきて農作業を全部終わらせてくれた。

タイ、ドイツ、アメリカを含む二七カ国の代表者がマニラに集まった。そこから始まったマニラを会場にした三日間の国際会議とルソン島からミンダナオ島にかけての農村、漁村の四日間の現地視察は私にたくさんの示唆を与えてくれた。

日本から参加した者がいるからというわけではないだろうが、経済大国・日本に対する批判、非難が行く先々で待っていた。

「日比友好通商条約では相互の海洋資源を共有するとされているが、俺たちの小さな船では近くの海から魚を捕ってくるので精いっぱいだが、日本は大型トロール船ですぐそこまでやってきてはごっそりと持っていく。お互いの海で魚を捕るのはそれぞれ自由だと日本は言うが、我々には捕られる自由しかない」。あるいは、「日本は目の細かい網を使い、小さな魚も根こそぎ捕っていく。魚は我々にとっても貴重なたんぱく源なのだが、聞くところによると日本ではそれを畑の肥料にしているという。それが事実なら抗議したい」。

我々が訪問したところはどこも例外なく貧しい漁村、あるいは山村だった。その漁民、農民たちは訪問した我々にさまざまな現実を教えてくれた。

後日、この魚のことを千葉で有機農業をやっている友人に確かめてみた。彼は確かに魚から作った有機肥料を使っていると言う。畜糞よりも効き目がやわらかく、おいしい野菜ができるという。日本の畑にまかれた魚資源が、本来ならばフィリピンの貧しい漁村やスラムの食卓に上るものであったかどうか。そこまでは分からない。有機栽培の野菜を食べたい消費者と、それを提供したい生産者。この関係には何の問題もない。また、魚資源の活用といっても、本来捨てられていた魚の内臓などを有効利用している例がほとんどだろうが、もしそこに、フィリピンの漁民が言うようなことがあるならば、単に有機農産物が身体に良い、悪いの枠を超える。これを日本の農民としてどう捉えるべきか。

そもそも有機農業とは何か？　そこにどのような原則が求められなければならないか。前述したように「アジアの民人と連携しながら、等しく腹を満たすことができるような農民の運動を築いていきたい」と考えてきたのだけれど、そこにまた新たに横たわっている問題を前に考え込まざるを得なかった。

それ以来、有機農業の現場を訪ねるたびに、その原料に敏感になっていった。

フィリピンの体験は私にとって初めての外国でもあり、かなり刺激的な行程だった。フィリピン農業はごく少数の巨大地主と農地を持たない圧倒的多数の小作農民とによって構成されているという事実。地主というよりも巨大アグリビジネス、あるいは農業関連大企業と言ったほうが近い。その下で、サトウキビだけ、バナナだけ、あるいはパイナップルだけという広大な単作栽培が進められていた。同じ風景が延々と続く。これが最も栽培効率が良く、農場主に最大利益をもたらすからということだろう。だが、これが飢餓の島をつくる要因でもあった。砂糖の世界的不況のように、いったん価格崩壊が始まると地域経済がいっぺんに破綻し飢餓とスラムの地域と化していく。農業の中に企業経営をもち込めば日本でもこのようにならないとも限らない。生活空間としての地域をバランス良く守り、育成するという視点が欠落してしまうからだ。もしこれが巨大企業農業と小作人の関係ではなく、日本のように家族農業によって構成されている村を基盤としていたならば、一つの作物の不況が地域社会全体の崩壊を招くまでにはならないに違いない。人間の社会としてももっと安定したものになるだろう。

また、フィリピンのような単一作物の連作は土壌の劣化を招き、一層化学肥料と農薬への依存を深める。そのことが農業の持続性、作物の安全性、人が働く場としての適性などの大きな障害になっていた。

賃労働と資本。フィリピン農業は資本主義的農業の一つの到達点だ。だからフィリピンの農地所有と生産の有り様は、日本政府の農業政策の目指すところとかなりの程度重なる。政府が進めている小規模な農家をつぶし、大規模農業を育成しようとする政策が、果たして人間社会の持続性から見てどうなのか。深刻に考えさせられた体験だった。

タイのバムルーン・カヨタさんと出会う

さて、もう一度話をマニラの国際会議に移したい。場所はミンダナオからマニラに移り、総括会議が開かれた。話はすべて英語。私たちには通訳がいたが、主に全日農と北海道農民連盟の代表者についていて、山形の小さな団体までには手がまわらなかったこともあり、会議に入るといくら耳を傾けても通訳の言葉が私には断片しか入ってこない。それでも無いよりましで、意味の欠落した部分は何とか想像しながら聞いていたが、やがてそんな会議に疲れ、一人で会議場の外に出た。外の景色を見ながらぼんやりしていると、少し離れたところで煙草をふかし、同じようにぼんやりしている男がいる。歳は私と同じぐらいの三〇代後半。東南アジア系の容貌をしていた。

私は「ヤァ！」と声をかけて近づき、「俺は日本から来たのだけれど君はどこから来たんだい？」そう尋ねた。彼はにこやかな笑顔で「タイから」と応えてくれた。タイの東北部、農村地帯の出身で農民だという。「君は英語を話せる？　俺は全くできないけどね」。すると彼は右手の人差し指と親指を使い二センチぐらいの間をあけ、いたずらっぽく「few（少し）」と、警戒心の微塵もない笑顔で応えてくれた。うふふ、彼の会話能力は俺と同じぐらいだな。笑顔の中に時たま見せる厳しい表情と眼光の鋭さ。不思議な魅力をもった人だ。お互い片言の英語で話し合う。

タイ農民運動のリーダー、バムルーン・カヨタさん

タイは日本と同じように他国の植民地になったことはない。そのこともあって、全体的に外国語が不得意な人たちが多い。彼もそうだった。しかしそれが気持ちの交流の妨げにはならない。私たちはすぐに打ち解けた。

その人がバムルーン・カヨタさん。以来今日までの三〇年余の長い間、タイと日本との国境を越えた農民交流、民衆交流のタイ側のリーダーとして、また、他方でタイ全土を舞台にした大きな民衆運動の指導者として、私たち日本人にも大きな影響を与えている。そんな人物との出会いだった。

彼は誰に対しても決して偉ぶることはない。常に礼儀正しく、謙虚だ。これは日本、アジア問わず、先に立つ者の共通した資質だと思うのだが、彼もまたそのような人間だった。そんな彼との交流の中から「アジア農民交流センター」が生まれ、その輪は日本だけでも、東北、関東、神奈川、九州へと広がっていった。彼は我々の要請に応えて、何度か来日しているが、彼に接した者のほとんどが彼のファンになっていった。マニラの国際会議場での出会いは、私にとっては得難い親友、生涯の友となる人との出会いだった。カヨタさんとのことはあとにも触れる。

その後、私は日本に帰ってから、仲間たちと共に「日本フィリピン農業農民連帯センター」を設立し、置賜の農民を中心に、四度にわたるフィリピン農業訪問運動を実現していった。もちろん、そこには日本の農業を考えるうえで大切な視点があると思えたからだ。

「ピープルズ・プラン21世紀」百姓国際交流会（一九八九年八月）

「アジア太平洋資料センター」（ＰＡＲＣ）から、置賜百姓交流会に大きな国際行事の提案があった。それは、アジア太平洋圏から民衆運動のリーダーたちを招き、国境、民族、人種を超えて、共に生きることのできる二一世紀について話し合おう。またそれらを通して、二一世紀の全体像を共同で構想しよう。「ピープルズ・プラン21世紀」と名付けられたこんな国際的な民衆行事の提案で、その農業分野を新潟や岩手の農民たちと手分けして置賜でも主催できないかとの打診だった。すごいスケールの話だ。確かに二十世紀から二一世紀に向けて、どんな架け橋を架けていくのか。世界には戦争、貧困、人身売買、環境……さまざまな問題が横たわっているし、農業の分野にも課題は山積している。時代を重ねるたびに問題はより複雑になり、解決からどんどん遠ざかっていくかのように見える。二一世紀を希望の世紀にするためには世界中の人たちが国境を越え、課題を共有しながら連携していく。そんな行動が求められていると思っていたが、夢の中での物語とあきらめていた。もし、実際に取り組むことができるならばすごいことだ。

これをやるとなると置賜百姓交流会の力量をはるかに超えている。今の私たちにそれができるだろうか？　正直に言えば怖気づく気持ちがないではなかったが、冬の間の長い討論の結果、やってみようということになった。

やろうとなったもう一つの理由

「もう百姓なんかやってらんねえ」

これはあの頃（一九八〇年代後半）、農業青年たちに広く存在していた気分だった。前述したように当時は「食管制度」による国の「赤字」が増大していて、これをどうするか、どう捉えるかをめぐって、連日、テレビや新聞などで、したり顔の「知識人」たちが一知半解の「論」を展開していた。曰く「農民による生産活動をすべて止めてもらい、彼らには生活保護で暮らしてもらったほうがいい。必要な物資はすべて海外からの輸入とする。そのほうが貿易が拡大し経済の活性化につながる」。曰く「農家はササニシキ、コシヒカリなどを品種ごとに植えているが、それらを品種の区別なく混植したほうが生物学的にいって耐病性に優れたものができる。彼らは何も考えていないからそれができない。農民の頭は筋肉でできているのではないか」。というような乱暴な意見もあった。でも、たとえそうだとしても今の制度の下でそれをやったなら、品種を特定できないコメとして、ただ同然の価格で売却せざるを得なくなる。

曰く「農家を支えているのは我々消費者だ。いったいいつまで無能で自立できない彼らを支え続けなければならないのか。もうたくさんだ」。

農民たちは、こんな誹謗と中傷を連日、シャワーのように浴びせられ続けていた。政府もこれらを否定せず、むしろ経済界、マスコミの農業、農家つぶしの大合唱を利用しながら、食管制度を廃止して、主食のコメを一般作物並みの市場原理の中に追い込もうとする。あわせて中小農家を離農に追い込みたい。これが彼らの意図するところだったろう。しかしそのことが国民の利益につながっていくとは到底思えなかった。

私たちは、それらに抗いながらも（置賜百姓交流会はNHKの全国放送、農政討論番組に何度か出ていた）、押し返すことができる有効な手立てを探していた。

海外の農民には同じような経験がないのだろうか？　あったとすれば、どのような運動で、また、どのような論理の組み立てで農業を守ってきたのだろうか？　その経験に学びたい。このことが国際会議をぜひ実現したいという最大の動機であり、みんなの気持ちだった。

百姓にこだわった国際交流を

その頃の私が鉛筆をなめながら雑誌『現代農業』に書いた呼びかけの文章を掲載したい。当時の私たちの気分を含め、やるうえでの問題意識が表れていると思う。

百姓国際交流会って何だ?

●たんぼの中での会話●

おーい。ちょっとトラクターのエンジンを止めてくれ。チラシを持ってきた。俺の話を聞いてけろ。

俺たちは今年の夏、「百姓国際交流会」というのをやるんだ。笑うなよ。ウソじゃないって。あのな、全国各地でよ、いろんなテーマで「民衆にとっての21世紀を構想する集い」が開かれるのよ。「ピープルズ・プラン21世紀」というんだ。アジアを中心に、世界中から人々が来てよ、北海道では「世界先住民会議」が開かれたり、大阪では労働者の、横浜では女性の集まりが開かれたりするのよ。

そして共に生きられる未来を構想すんべ、ということなんだ。その中の農業部門を「百姓国際交流会」と名づけて俺たちがやってみんべ、ということになったんだ。

国境を越えて参加した農民が、自分たちの農業の課題を報告し合い、共に考え、さらに二一世紀にむかって共同で解決できること、協力し合えることはないだろうか、これらのことについて話し合ってみようということなんだ。一緒にやらねえか?

俺たちは、どうせやるなら土のにおいのする百姓の国際交流をやろうと思っている。だから気楽に、地のままでやってみんべってみんなで話し合ってるんだ。

とにかく、かまえたらだめだと思うよ。百姓の国際会議をやる俺たちは、山形の百姓だ、どん百姓なんだということに徹底的にこだわってみようと思っている。そこを根っこにすることから俺たちの国際交流が始まっていくんだ。

国際交流といっても、どっかの言う「国際化」とはずいぶん違うぞ。あっちの国際化は強いものが弱いものからぶんどっていく方便だ。うさんくさいよな。

俺たちの国際交流は、少しかっこよく言えば、「自然条件や、生活と文化の違いの上につくり出される、その国固有の農業と農民の暮らしを相互に認め合い、尊重することから始まる国境を越えた交流」と思うわけよ。

だから、大切な話し合いもきちっとするけど、暮らしと文化のゆかいな交流もバンバンやりたいんだ。

●世界中のおもしろ百姓が集合

何よりも、百姓の仲間にはいっぱい集まってもらいたいと思っている。そして、日本の農業と、世界の農業の実情と未来について一緒に考えたいんだ。

海外からは韓国、台湾、それにフィリピン、タイ、アメリカや、オランダの国々から、バリバリの百姓が参加する予定だ。他にマレーシアやニュージーランドあたりからも来てほしいと思っている。

できるならば、半分は女性がいいな。すけべな気持ちから言ってるんでないぞ。俺たちの中にも、おなごの実行委員がいっぱいいてよ、そのおなご衆の希望なんだ。

さて、そこで何を話し合うかだけど、俺たちはずいぶん議論した。そして決まったのは三つを柱としようということだ。

●世界の百姓を苦しめる黒幕は

一つ目は「アメリカの食糧戦略、アグリビジネスの実態とそれとの闘い」だ。俺たちは、日米貿易摩擦の中から、アメリカの農産物の押し付けが出てきていると考えていた。だから、ここ数年の事態を主にアメリカ対日本の図式で理解しようとしていたわけよ。

でも、実際は日本だけでなく、韓国でも、台湾でも、EC諸国でも、アメリカからの輸出圧力を受けていることを知ったんだ。それに対して、それぞれの国の農民たちは、さまざまな取り組みをやっているんだと。

俺は、チラッと小耳にはさんだんだけど、台湾や、韓国の百姓は、いい運動してんだってな。

俺は去年、「カントリー」というビデオを見たんだ。アメリカの家族農業の実態がよく出ていた。肥沃な土地を持ちながら、農地を追われていこうとする農民の話だ。アメリカ農民を離農に追い込む裏には、アグリビジネス（巨大食糧関連企業）の力があると思った。こいつがどうも黒幕だ。つまりアメリカの百姓（家族農業）も、我々と同じ力にやられているということだ。今、アメリカでも家族農業を守れという運動が始まっているらしいよ。

俺たちは、知らなければならないことを、まだまだ知らない。だから、まず各国の百姓の報告を受け、その体験を知りたい。そこから始まると思っている。

●農村の結婚難は世界中の悩み

二つ目は「おかされていく農民の人権」ということについてなんだ。これについては、第三世界の農民の貧困、飢餓、それに農村の結婚、女性の地位、「イエ」、封建制をどう克服するか、なども話し合うべと思っている。

置賜百姓交流会という集まりがあってよ。そこは、フィリピンの農民団体と友達になって、毎年、百姓の仲間を送ってるんだと。そこで聞いた話だけど、フィリピンの百姓は、農地をアグリビジネスと大地主にもっていかれてんだ。ネグロス島などでは、飢餓すれすれの極度の貧困状態だというぞ。そして、農民をそこまで追い込んだものの中に、住友とか丸紅なんかが一役かっているという話だ。俺たちは知らなかったよな。

でも、フィリピンの百姓は、すげえ貧乏だけど、勢いがあるというぞ。

農村の結婚難は、日本だけでないという話だ。これはほとんど人権問題だよな。俺なんかはよ。おなごが嫁にこねえのは、村の文化が都会の文化にやられてんだと思っていだけどよ。おなご衆に言わせたら、どうも、そうとばかり言えないんだと。あんたの考えは単純すぎるって笑われた。実行委員会に集まっているおなご衆はすごいぞ。酒もつよいけど。

●今後の農業をどうするか

三つ目は、「二一世紀にむけて、作り出す農業」ということなんだ。

呼び掛け文では、「ここでは、自給か依存か、自然収奪型農業か循環型農業か、家族の暮らしに結びついた農業か大規模農業かが、各地、各国の体験にもとづいて話し合われるでしょう」となっている。

まあ、「AかBか」というように白、黒をはっきりさせるような問題のたて方は、「いいモノと悪いモノ」が争う、月光仮面とか、赤胴鈴之助の時代に育った中年の「アタマ」だという意見もずいぶんあったけどよ、話の糸口としてはいいべとなったんだ。

とにかく、このままでは農業はダメだと思うよな。潰れてしまう。でも、ダメだと思える農業に誰がしたかといえば、俺たち百姓にもかなり責任がある。この道を選んで今日まで来たわけだから。そこで、アメリカや他の国々のさまざまな体験の中から意見を聞き、未来の子どもたちに託すにたる農業の中味について、じっくりと考えてみるべ、ということにしたのよ。

●あくまでも百姓が主人公

会期は五日間（七月二十九日～八月二日）だけど、このような話を五日間しているわけではねえぞ。俺だってお前だって頭がこんがらがってしまうからな。

初めの日はオープニングだ。おまつりよ。この催しはよ、歌や踊りなど、百姓の暮らしに根づいた文化の交流でもあるわけだから、にぎやかにやるべぇ。

二日目、三日目と置賜地方各地で、たんぼのあぜみち交流をやるんだ。年寄りから子どもまで、みんなが参加する百姓の国際交流。おもしろいべな。モチついたりしてよ。

四日目からは、いよいよ国際会議の開始だ。さきにあげたテーマをみんなで討論していけたらと思ってんだ。

海外からも、日本からも、報告は全て百姓がやるんだ。よくあるように頭のいい人が話をして、百姓は単なる聞き役というのではない。主役だ。主人公だ。

農業の未来や、その希望は、他から与えられるものじゃねえべ。俺たち百姓が自分自身の力で考え、あるいははねかえし、そして作り出すもの。農業の展望はなによりも、農民自身が主体となって切り拓くもの、という考え方を大事にしたいと思うからな。協力関係というのは、そのうえでのことだからよ。

●百姓仲間といっぱい友達になりたい

ずいぶん長く休ませてしまったなぁ。ごめんな。トラクターの調子が悪いのか。調子が悪いのはお前のほうだって？　そうだよなぁ。タバコ青年部は崩壊状態だものなぁ。今年九〇人の組合員が、四月からは四〇人になり、あとはみんな離農だってなぁ。

そうか。一緒にやるか。ようし、やんべぇ。

俺は楽しみにしてんだ。なにって？　海外もそうだけどよ、かけつけてくれる国内のおもしろい百姓の仲間といっぱい友達になることをさ。苦しい思いをしながらも、希望の灯を燃やしつづけている百姓たちだぞ。仲間たちだ。きっと、来てくれるはずだ。

『現代農業』（農文協）一九八九年五月号より

百姓国際交流会の呼びかけ人は、以下の四氏に引き受けていただいた。
竹田カツさん（飯豊町。前全国農協婦人組織協議会会長）
木村迪夫さん（上山市。農民・詩人）
星 寛治さん（高畠町。農民・詩人）
佐藤藤三郎さん（上山市。農民・評論家）
四氏とも山形県の農民を代表するにふさわしい方々だ。
仲間たちとの話し合いの結果、実行委員長は私が務めることになった。

百姓国際交流会に向けて動き出す

このプログラムのテーマを「百姓として発言する、いま世界へ、そして村々へ」と決めたのは百姓として発言することに固有の意味を見出していたからだ。それは農業にとっての希望と未来は、外から与えられるものではない。何よりもその当事者である農民自身が主体となって切り開くもの。それはまた、我々農民自身がそれらを可能とする主体にならなければならないという考えと結びついていた。今から思えばずいぶん肩ひじ張っているなと思うけれど、当時はそんな気持ちだった。たぶんそれだけ背伸びしていたのだろうと思う。

私は南陽市に借りた事務所にほぼ毎日のように顔を出しながら大会までの数カ月を慌ただしく過ご

した。

早朝、田んぼの水を見て回り、朝飯前に数百羽の鶏の世話をやったうえで玉子配達と集金に駆け回る。その間をぬって国際交流の仕事に取りかかる。とても田んぼの草刈りまでは手が回らなかった。畦畔は草でおおわれた。それは私だけではない。他の仲間たちも同じだったと思う。応援してくれていた友人たちも含め、みんながフル稼働の毎日だった。

「○○農協の婦人部から、話を聞きたいという要請があったけど、誰か行ける人いるかぁ?」「あ、それ俺が行くよ。リンゴの摘花が終わったから」「会場周辺の宿の手配を任せられる人はいないかぁ?」「それは郵便屋の彼がやると言っていたよ」「全体の予算案はどうなっているんだべ?」「会計担当は今どこだ?」「今日は田んぼの仕事だと。あとから顔を出すと言っていたよ」「ポスターのデザイン、誰に頼む?」……こんなやり取りが毎日続いた。作物によって忙しさのピークが違う。それらを上手に組み合わせ、補いながら大会準備を進めていった。

全体の経費は百姓交流会の力量をはるかに超えていた。でも、自分たちの糯米を餅に加工して得た販売利益や、農薬の空中散布を共に闘ったタマ生協を通じて首都圏コープ事業連合から届いたカンパ、農協経済連、置賜の各自治体などからもたくさんの寄付金が寄せられた。会期中、南陽市農協は農協ホールをすべて開放してくれることになった。長井市も市長直々に「必要な施設は自由に使ってください。市の国際交流員も必要なら通訳として役立ててください」というありがたい申し出があった。

予想外に時間がかかったのは通訳の手配だった。準備しなければならなかったのは英語、中国語(台湾)、韓国語、タイ語だったが、簡単に手配できそうな英語でも、なかなか大変だった。軽い説明や案内などはボランティアが支えてくれたけど、英語が多少できるというだけではどうにもならない。たとえば「焼き畑農業」とか「農業構造改善事業」とか「多国籍企業と人権侵害」とか。こんな言葉がバンバン飛び交う中での通訳だ。農業経済、経営、国際関係、環境、人権問題などについても幅広い知識が求められる。そのような下地があって初めて可能な通訳なのだけど、英語の先生だからというだけでこなせるものではない。難しい。そんな人は私たちの周りにはいない。ようやくたどり着いたのは大学の農学部の先生や英語で授業をやっている農業関係の学校の教師、NPO関係者。そんな人がいるだろうか？　いらっしゃったのですねぇ。その時期が大学の夏休み期間であったことが幸いした。何とか連絡を取って、百姓の国際交流を支えてくれるようお願いした。

「全くお金はありません。交通費と宿泊だけです。それでも何とかお願いしたいのですが……」

「おもしろいじゃないですか。分かりました。伺いましょう」

ほとんどの方々が、二つ返事で了解してくれた。こんなことを韓国語、中国語、タイ語などでも繰り返し、やがて少しずつ、その道の達人たちがそろい、陣容が整っていった。まさに大勢の人たちに助けられての一歩、一歩だった。

カヨタさんを招きたい

全体の事務局を担っていたアジア太平洋資料センター（PARC）から問い合わせがあった。海外から呼ぶ農民ゲストについて国や人でリクエストがあれば言ってほしいと。置賜の仲間たちと話し合って、これまで親交があったフィリピン、タイ、韓国の友人たちから招きたいと希望を出していたが、その際、フィリピンのマニラで会ったあのタイの若い農民のことが頭に浮かんだ。そうだ。彼を呼びたい。たしかバムルーン・カヨタと名乗っていたはずだ。事は早いほどいい。さっそくＰＡＲＣに連絡を取り、早急に探してもらうことにした。後日、返事が返ってきた。

「菅野さん、タイに連絡を取って探しました。彼がどこにいるかが分かりました。日本です。栃木県那須塩原市にあるアジア学院で研修生として学んでいることが分かりました。ぜひ連絡を取ってみてください」

アジア学院というのは栃木県の那須塩原市にあるアジア、アフリカ圏の、主に農村地域で活動する人たちが学ぶ学校である。学生たちは、といっても、牧師さんや農村指導者などそれぞれの国では立派な実績のある人たちなのだが、農作物の生産や畜産、農産加工など農業全般及び農村におけるリーダーシップについて研修を重ねている。学びの基本は地域資源を活かした有機農業。地域をベースとした自給自足を旨とする「生きるための農業」だ。

講義はすべて英語で行われ、九カ月間の学びの後、彼らはそれぞれの国に戻り、再び〝草の根〟の農村指導者となって、人々と共に地域づくりに取り組んでいく。

カヨタさんはそこの研修生になっていた。さっそく連絡を取った。当時、学院の責任者は創設者の高見敏弘先生だったと思う。先生に手紙を書き、そのうえで電話を差し上げた。先生は例外措置としてカヨタの置賜行きを許可してくれただけでなく、英語の通訳として先生ご自身とやがて私たちの友人となる長嶋清先生など数人の英語の達人も派遣してくれることになった。ありがたかった。カヨタさんは農民の国際会議の一員となった。

七月二九日、新幹線が赤湯の駅に着いた。あ、やって来た！　外国からの農民たちが赤湯の駅に降り立った。笑顔で握手を交わす。一九〇センチほどの大きな男が三人。オランダ人とアメリカ人。その後ろからにこやかに小柄な韓国人、タイ人と台湾人。六カ国一三名の人たちだ。

オリエンテーションのあと、川西町玉庭地区で歓迎の夕べが行われた。会場は過疎の村の農業高校の廃校だ。ここでは若手農民を中心に、農業生産組合、婦人会、老人会、青年団など村の団体が集まって実行委員会をつくり、三カ月以上前から幾度も寄合を重ねながら構想を練ってきたという。

グラウンドの中央に舞台がつくられ、それを囲むように、焼き鳥、コンニャク、団子、ビールにジュースなどの屋台が婦人会、商工会の手によって準備された。会場には村人を中心に老若男女一五〇人を超える人たちが集まった。村祭りの獅子踊りが数十人の若者によって披露され、婦人会の人によって少し早めの盆踊りが行われた。海外からの友人を中心に踊り、歌い、深夜まで地元の人たちとの交流が続く。にぎやかな、百姓の国際交流の幕開けにふさわしい一夜だった。

それから約三日間。置賜各地の農村、農家、農業を案内して回った。オランダとアメリカの農民から発せられた置賜への感想が面白い。

「ここは田舎だとは分かるよ。でも農村ではない。農村はいったいどこにあるんだい？」

私はまだアメリカに行ったことはないけれど、彼らの言いたいことは想像できる。彼らの言う農村とは、ずっと遠くまで続く畑の中にポツン、ポツンと家があるという田園風景のことか。確かに街と村が近いというのが日本の特徴だ。生産者と消費者が近いところに共存している。そこから日本農業

百姓国際交流会。「百姓として発言する いま世界へ　そして　村々へ」

の改善策、地産地消、自給的な地域づくりなどが可能だ。なるほどね。彼らから指摘されて改めて日本の農村の特性を把握しなおす。

置賜各地でも見学会、農民交流、歓迎会が行われた。あっちこっちで歌あり、踊りあり、ダンスあり、獅子舞あり……海外組も、案内する側も、受け入れる側も、子どもも、年寄りもみんなが置賜の農村の日々を楽しんだ。

私は実行委員長として田んぼやニワトリの世話をしながら、町や村、あの会場からこの会場へと飛び回った。

「日本人はお金のことだけを考えている民族だと思っていた」

国際会議ではさまざまな意見が出された。

台湾の農民は「日本に来る前までは、日本人は金を儲けるのがうまい、お金のことだけを考えている民族だと思っていた。しかし、考えが変わった。日本にも農業を愛する農業青年がいることに驚いた。自分たちの伝統文化、未来を守っていこうとする姿に敬服する。また、日本の農民の問題は、台湾の農民の問題と同じだということがよく分かった。だけど台湾の農民のほうがもっとみじめだと思う」と語り、政治・社会制度との闘いと新しい農業文化を起こすことの必要性を強調した。

フィリピンからの農民は「私たちの国は天然資源に恵まれ、世界でも有数な食糧生産国になる能力を持っている。しかし、ルソン島の五〇%、ミンダナオ島の八〇%がアメリカをはじめとする国、または日本などの多国籍資本に支配され、さらに国内の地主がそれ以外の残りの農地を所有しており、一〇〇〇万農民の実に七〇%が農地を持っていない。私たち農民の大きな課題は農地改革だ。しかし、それを求める農民の運動に強烈な人権侵害が加えられており、幾人もの農民が殺害されたりしている」と、聞いている人が凍りつくような報告をし、国際的な監視を呼び掛けた。

タイの農民はゴム単作、サトウキビ単作というように輸出のための農業を強いられ、その結果として自分たちのための食糧生産が抑制され、農村の環境や生活基盤が破壊されるに至った現状を報告した。

韓国の農民は「日本と韓国の農民の抱える問題は全く同じだ。私たちは政府も学者も当てにせず、農民自らの力で道を切り開いていくことが必要だ」と述べ、韓国で発展した有機農業を紹介しながら、農民の自立のための技術交流の必要性を語った。

アメリカの農民は、「あまり知られていないことだと思うが、アメリカの農業経営の九〇%近くが家族経営農家で、その半分が兼業農家だ。今アメリカでは食糧の輸出戦略の下で、低コスト農業が求められており、それに対応できない農家の離農が相次いでいる。アメリカで富んでいる農場は、巨大アグリビジネスだけだ。だが、これらの農場は化学肥料を多用する自然収奪型農法で土壌流出など多くの問題の原因となっている」。

オランダの農民は「自分たちの農業収入の中から一ヘクタール分を第三世界の女性たちの支援にまわそうという運動をしている」と報告し、「私たちはまず、家族の中の女性、妻、母、娘と連帯するところから始めなければならない」と主張した。オランダの農家の平均耕作面積は二七ヘクタールぐらい。その中からの一ヘクタール分となると、日本の我々にしたら一〇アール（一反歩）の農地からの収入を提供する運動ということか。

七月二九日から五日間、私たちが担当した置賜でのイベントを終了した。百姓国際交流会にはおよそ二、五〇〇人が参加した。テレビ、ラジオ、新聞は連日のようにこれを伝えた。

「行政とか農協に頼らず自分たちで農業の未来を語り合えた。アジアの農民も一緒で、大変な熱気だった」

「国の農政や工業化、多国籍企業に振り回される農業の悩みは各国共通で、自己決定権をもつ自立した村づくりこそが大事だと確認し合った」

「タイでは無教育のため、日本では補助金のため、考えない農民にさせられている。これからはつながり合って力をつけたい」

こんな感想が多数寄せられた。

海外ゲストは置賜から新潟へ、岩手へと場所を移し、農業部門のまとめとして「農民の共同声明」を採択した。その後、農業以外の部門を含め、すべての参加者が合流する総括会議の場、熊本県水俣市に移動し、そこで総括討論を行った。それを最後に、アジア・太平洋を中心に三一カ国、二六〇人の草の根活動家や知識人を迎えて先住民、農民、女性、労働者、消費者など一四の会議がおよそ一カ月にわたって開かれたピープルズ・プラン21世紀は最後に「水俣宣言」を発し、幕を閉じた。その一部を紹介する。

「20世紀はじめのスローガンは進歩だった。20世紀末の叫びは生存ということだ。つぎの世紀からのよびかけは希望である。今世紀に進められた開発は南北格差、貧富の格差を広げ、先住民や女性を苦しめ、自然を破壊した。しかしそれに対抗する民衆の運動がアジア太平洋に広がり、じゃなかしゃば（いまのようでない世の中）を求めてやまない。ここに希望があり、国境を越えた民衆の共同行動で21世紀を創って行こう」

（「水俣宣言—希望の連合」より要約抜粋）

「ピープルズ・プラン21世紀」から学んだこと

さて、私がこの取り組みの中から学んだことはたくさんあるが、まずはアグリビジネスと小農（家族農業）についてである。アメリカの農民からこんな発言があった。「アメリカの百姓は日本のコメ市場の開放などは望んでいない。それを求めているのは一部の巨大アグリビジネスであり、アメリカに進出している日本企業自身だ」。

ここで言うアグリビジネスというのは、農業関連巨大企業のこと。我々は今まで、アメリカの国益の下に、アメリカの農業関連関係団体（者）が一体となって、コメを含む日本の農産物の市場開放を求めていると思っていた。でもそれは違っていた。日本の農民に市場開放を求めている同じ勢力によって、アメリカ農民も苦しめられていた。アメリカ農民は「敵」ではない。仲間だ。アメリカにもたくさんの家族経営農家がある。言ってみれば小農だ。そのアメリカの小農と我々日本の小農が共に連携して立ち向かわなければならない相手。それが多国籍企業としてのアグリビジネスである。

今や、各国の農業に大きな影響を与えているアグリビジネス。それも巨大な経済力、政治力をもつに至った多国籍企業としてのアグリビジネス。多国籍企業とは、活動拠点を一つの国だけに限らず、複数の国にわたっている巨大企業のこと。たとえば世界の農薬市場の八五％、種子市場のほとんどをBASF、デュポンなどの企業が独占しており、穀物市場の九〇％をカーギル、アーチャー・ダニエルズ・ミッドランドなどが支配している。そして、この多国籍企業は、各国の農業政策だけでなく、政府自体にも、さらに言えば国際機関にさえ大きな影響力をもっていて、自分たちに有利な条件を引き出そうとさまざまな工作を強めている。

このままなら、多国籍企業は食物生産から販売に至る農業関係のすべてを支配下に収め、誰に向けて、何を、どのように生産するか。どの程度の品質のものを、どのような価格で作るか、売るかなど、ほとんどすべて決定する権限を握るだろう。

オランダやアメリカの農民から出た意見はそれらへの強い危機感だった。彼らは言う。「多国籍企業の支配から農業を守らなければならない。それは人々のいのちとその未来を守ることを意味する。

その運動の先頭に立つのは小農、家族農業を営む各国の農民だ。それらを中心にして、環境保護団体、人権団体、国際消費者団体などが幅広くつながりながら、農業といのちを守る国際的ネットワークの形成が求められている」。

かなりスケールの大きな話だが、世界の構図、取り組みの骨格はその通りだろう。このように全体の基本的構図を押さえることができたことは大きい。

作物生産に極端な効率性をもち込み、農薬、化学肥料を多投する大規模農業は、各地で環境破壊や食品汚染、健康被害を生んでいることが分かった。いかに生産コストが安く抑えられ、販売価格が低かろうと、それだけでは二一世紀の希望の農業足り得ない。

小農（家族農業）は日本の政府や経済人、マスコミが言うように、「非効率な厄介者」ではない。小農こそが二一世紀を希望の世紀とするうえでの不可欠な存在なのだ。これを再確認できたことは大きい。これで誇りをもって生きていける。農業を続けていくことができる。

私は、これからも今までと同じように農業を営んでいくし、地域農業を守る取り組みを続けていくだろうが、世の中や、時代、次代を見る際の視点の置きどころが今までとは全く違うようになっている。それへの確信が、国際会議から学んだ一番大きなことだった。

次に学んだことは、「オルタナティブ」という考え方だ。オルタナティブとは、ま、ありていに言えば代替案のこと。政府が悪い。企業が悪い。農協が悪い。男社会が悪い……という、○○が悪いということはよく聞く話だが、だけどそこに留まっていたのでは何も変わらない。

「あなたの話は分かった。それではあなたは自分の足元をどう変えていくのだ？　どのようなプランを構想し、実行していくのだ？」

このように、今までとは違う価値や、違う世界をはらんだ代替案をもって事に臨み、変革へのプロセスを組み立てていくこと。これが大事だということを学んだ。そのことで、はるか向こう岸にあると思っていた大きな夢を、足元の具体的に取り組める身近な課題へと変えていく。そうすることで明日からの行動指針、暮らし方も変わっていく。

やがて私が長井市民と共に取り組んでいくレインボープランは、これらオルタナティブの考え方の成果だと思っている。

えっ、それはすごい！

百姓国際会議にアメリカ農民を代表してミネソタ州から来ていた酪農農家のケアリー・スミス氏が私との雑談の中でこんなことを言った。

「日曜日、教会に集まったあと、みんなで周辺の清掃ボランティアをやるんだけどな。こんなことがあったよ。落ち葉を掃き、いったん道をきれいにするんだけど、すぐにまた風が吹いて元の状態に戻ってしまう。これを繰り返しているうちに誰かが集めた落ち葉を近くの農家に持っていこうと提案したんだ。農家は喜んでそれを受け入れてくれた。落ち葉はいい土づくりの素材だからね。何度も持っていっているうちに、農家がお礼にって野菜をくれるようになったんだ。落ち葉と野菜が、教会を挟んで回る。おもしろいだろう？」

えっ、えっ、え〜っ！　おもしろいなんてもんじゃない。その話を聞いて衝撃が走った。すごい話だ！そこに人と地域と農業との新しい関係がある。環境、食、住民参加、健康な土、循環などを織り込んでつなぐ、人と人との新しい関係がある。新しい農業の可能性がある。わくわくするような気持ちでその話を受け止めていた。それがやがて紹介する、「レインボープラン」へとつながっていく。

第六章　アジア農民交流センターの誕生

「洪水のように外国人が来たが……」

他の国々の農業を知ることは、日本を知ること、自分たちの農業を知ること、さらに言えば自分たち自身を知ることにつながる。国境の向こうの農民たちに引き継がれている農の思想、文化、農法や暮らしの知恵などを知りたい、学びたい。まずはタイを訪問してみようとなったのはピープルズ・プラン21世紀の翌年、一九九〇年のことだった。参加者はピープルズ・プラン21世紀農民交流のコーディネーターを務めた農業ジャーナリストの大野和興さん、佐賀県の農民で作家の山下惣一さん、置賜百姓交流会のメンバーで若手百姓の菅原庄市君、アジア太平洋資料センター（ＰＡＲＣ）のスタッフで農民交流の事務局を務めてくれた疋田美津子さん、通訳とコーディネーターを兼ねて岡本和之さん、そして私。きっかけは東京の清水谷公園で行われた農畜産物の市場開放に反対する集会でのことだ。会場に山下さんを見かけた。大野さんもいる。デモの終了後、かねてから大野さんと企画していたタイ行きの件を山下さんにも話してみた。

「タイの東北部、イサーンと呼ばれるその地帯は日本の東北地方と似ていて、経済発展から取り残された農業を中心とした地域。企画しているのはその地方の村から村へと農民を訪ね、農家に民泊する旅です。一緒に行きませんか？」

「おもしろそうだな。行ってみようか」。返事は早かった。

一九九〇年、一行に私の娘ののどか（当時小学五年生）を加え、タイ、東北部を訪ね歩く。現地ではカヨタさんと初対面のバンさんが迎えてくれた。バンさんはバンコクのスラムで育ち、当時イサーンのＮＧＯで活動していたが、一〇日間に及ぶ旅の全行程に同行し、村々を案内してくれた。旅の途中、タイでＮＧＯの活動に従事していた齋藤百合子さんも合流する。

どこまでも続く水田があった。耕運機が動いている。あっちこっちにやせ細った水牛がつながれているのどかな村。しかし、それらの村に分け入れば、どの村に行っても農民たちは借金まみれ。生きていくのに精いっぱいの現実があった。たとえば、ほとんどの村に「お米銀行」があった。小さな共同の小屋がそれ。そこにコメがためてある。食べ物が無くなったり、家族が病気になったりしたときには、そこからコメを借り、急場をしのぐ。やがていくらかの余裕ができたら、少しの利息を加えてコメを返す。村の互助の仕組みだ。この仕組みがあるということ自体、コメを作っている農家にはコメを食えない現実があるということだ。タイには大地主はいない。日本と同じように、すべてが自作農だから、かつて見たフィリピンの土地無し農民のような絶望的な貧しさとは違うが、ここにもまた深刻な現実が横たわっていた。

一〇日間の行程の最終日、バンさんが発した一言がその後、「アジア農民交流センター（ＡＦＥＣ）」をつくるきっかけとなった。

「今まで洪水のように外国人が来たが、私はその人たちに一度も信頼をおけなかった。それは来て、見て、帰るだけ。それだけだったからだ。その後も何もない。彼らは観察に来ただけだった。あなた方も彼らと同じか？　日本とタイの農民が一緒に何ができるかを共に考えていけないだろうか？」

その場にいたカヨタさんを加え、相談した結果、国境を越えた農民同士の交流と連携事業を作り出そうとなった。タイから帰った後、山下惣一さんがその旅の記録を『タマネギ畑で涙して』（農文協、一九九〇年刊）にまとめ、その印税を全額、日本―タイの農民交流の活動資金に提供してくれた。それに「三菱銀行国際財団」からの助成金を加え、一九九一年「アジア農民交流センター」を設立。山下惣一さんが代表に就いた。大野和興さんが事務局長。やがて、佐賀県から総会やイベントのたびに出てくるのは大変だからと二〇〇四年からは私も共同代表の一員に加わる。新しく、タイ語が堪能な若い松尾泰範君が事務局に参加し、大野和興さんと共に現在の中心軸ができあがる。「アジア農民交流センター」。名前の割には小さな団体だけど、結成以来、二〇二一年の今日までさまざまな交流を続けている。日本の会員数は全国に一二〇人。日本からタイへの訪問団は二一組一六五人。その逆は一七組の九〇人である。日本からタイを訪れる人はもちろん自費だが、タイからの招待者の旅費の多くはカンパで補う。タイから友人を迎えるたびに全国から仲間たちが集い、交流と討論を行っている。

生きるための農業

日本では時々「タイの村に行って、何が参考になる？　彼らの農業は遅れているだろう」と聞かれることがある。確かに我々が行く村には日本のように圃場整備が行き届いている水田があるわけではない。水は雨期を利用してためた天水。用水路、排水路は無い。田植えは、ほとんどが手植え。稲刈りも人力だ。このように日本とは大きな違いがあるが、土を耕す同じ農民として考えさせられること、勉強になることは実に多い。それにタイの村が日本の我々とよく似た小農民の社会だからだと思うが、タイを経由して自分たちのことを新たに捉えなおすこともたびたびだ。

その一つが、「生きるための農業」と呼ばれているものだ。そう、生産性を上げて利益を増やすための農業ではない。もちろん生きていくためには利益も必要だ。だけど、それを他の何よりも優先させるということではない。それが目的ではない農業。生きるための農業。生きていくための農業。

背景には、農民たちが政府から奨励された輸出用専門の換金作物生産によって借金まみれになっていた現実があった。それまでの自給自足の暮らしには貧しくはあっても借金苦はなかったという。生きていくことはできた。サトウキビ、キャッサバなどの輸出作物栽培は国際市場の動向に左右されやすく、浮き沈みが激しい。現金にのみ依存している生活はにわかに破綻する。そんな危険性をいつもはらんでいた。

また、それらの作物は土壌からの収奪性が高く、継続して栽培するには作物とセットになって奨励されていた高い化学肥料と農薬を使うしかなかった。それまでの自給的に暮らす仕組みと比べれば、とてもお金のかかる農業に変わっていった。風景を見ても、サトウキビだけを作る農業、キャッサバだけを作る農業が広がっていた。

やがて作物価格が低迷する。借金だけが膨らんだ。農民たちは出稼ぎに活路を見出さざるを得なくなっていく。イサーン（タイ東北部）の農村は出稼ぎ労働者を多く生み出す地域となっていった。家族はバラバラになってバンコクへ、中東へ、東京へ、台湾へ、ソウルへと出ていった。

そんな中で着目されたのが「複合農業」である。「生きるための農業」とも言う。当初、それは村の中の「変わり者」の農業だったという。変革者は必ず「変わり者」として登場するのが世の常だが、この場合もそうで、間違いなく少数者の農業だった。でもそこには生活を守るさまざまな工夫があった。農地の真ん中に池を造り、魚を飼う。台所の生ゴミは細かく刻まれて魚たちに与えられた。池の周囲にはマンゴーなどの果物が植えられ、その外周には水をうまく活かして野菜畑を作る。小さな豚舎や鶏舎を建て、家畜を飼う。堆肥も作り、肥料も自給する。自給と資源循環の農業である。この「生きるための農業」が大きく普及していったのは「地場の市場」作り計画と結びついたときからだった。

地場の市場

一九九六年にアジア農民交流センター（ＡＦＥＣ）の招きで来日し、スタート直前の長井市のレインボープラン（後述）をはじめ、各地の農民を中心とするさまざまな取り組みを見てまわったタイの農業青年がいる。彼の名はヌーケン。ヌーケンは何日間か我が家に滞在した。我々は田んぼで農作業を共にしながら、農業、農法、農家の暮らしなどについて話し合った。若いヌーケンは学習意欲が旺盛で、貪欲に日本の農業と社会に関する知識を吸収していった。特にヌーケンに大きな示唆を与えたのは農家の朝市、直売所だった。我々は地域の小さな直売所を案内して回った。

やがて彼は、タイの村に帰る。そして村の農民たちに呼びかけ、日本で見たのと同じような朝市を開き、タイには今までなかった新しい生産と消費を直につなぐ仕組みを作った。ヌーケンは話す。

「これまでは自分たちが作った作物はいったん仲買人に売るしかありませんでした。必要な野菜は仲買人から買います。このようにすべて仲買人を通していました。でも日本で知ったことを活かし、直売所を作ったことで、仲買人を介さずに村の中で作物が循環するようになりました。たぶんタイでは初めてのことです。始めたのは小さな直売所ですが、少しずつ参加する農家が増え、来る消費者も増えました」

このヌーケンの取り組みをポン市の農民リーダーのチュアムさんたちに紹介したのは、ヌーケンの来日時に通訳をしてくれた松尾君だ。その後、彼は国際NGO、日本国際ボランティアセンター（JVC）のスタッフとしてイサーンの村で活動していた。

「まず、直売所の様子をチュアムさんたちにも見てもらおうと思い、コンケン県ポン市周辺の農民たちをヌーケンさんのところに案内しました。そして取り組んだのが『地場の市場作り』です。長井のレインボープランは生ゴミを介在させることで村と町をつなぎました。私たちのレインボープランは『地場の朝市』を立ち上げることで町と村をつなごうとしました。私たちはこれをタイのレインボープランと呼んでいます」

チュアムさんたち農民と松尾君たちとの共同プロジェクトが動きだした。輸出型の作物作りから生活に密着した作物作りに転換することで、地域に農業と暮らしを取り戻す取り組みだ。参加するメンバーも少しずつ増えていった。

近くに売り場があれば村の人も生産者として努力するようになる。朝市に並べる野菜と共に参加する農家の数も増えていった。農民たちは輸出作物の代わりにいっそう自給的な作物を作るようになっ

村と町をつなぐ「緑の市場」。

た。それまでは換金作物しか作らず、バナナや野菜などは町から買っていた村人たちも、それぞれで作るようになり、今度は町に売りに行くようになったという。家畜も増え、堆肥も作り始めた。化学肥料を買っていたが、やがて有機肥料で賄えるようになっていく。輸出作物だけの農業から自給型の農業へ。身近な消費者との連携へ。「生きるための農業」を通して村は少しずつ元気を取り戻していった。

地場の市場作りが一つひとつ成果を出し始めたことを受け、ポン市やポン郡の役所も支援に乗り出す。チュアムさんや松尾君たちは連日、農民との話し合いを続けた。

ポン郡の役所は市場が開かれる日は広場を開放してくれるようになった。町の人たちを巻き込んだ「村と町を結ぶ市場」ができた。始まって間もない頃の二〇〇二年、会員は一〇〇世帯。そのうち十数人が無農薬栽培を行っていた。現在の会員はさらに増えて一一の村から四〇〇世帯となっている。私も幾度か見学に行ったが、朝市が開かれる日の賑わいはまるでお祭りのようだった。村レベルの小さな朝市も各地域にできていた。「村と町を結ぶ市場」はそのセンターのような役割も果たしている。

今やこの市場は「緑の市場」と呼ばれ、村と町をつなぐ新しい取り組みとして、タイ東北部全土から注目されるようになっている。かつて輸出作物だけを作っていた頃と比べ、間違いなく村は変わった。今、他地域や海外からの視察者が絶えず、新聞にも掲載され、農林大臣も視察に訪れたという。

そんな草の根交流は日本でも高く評価され、アジア農民交流センターは、「タイでの地産地消を提唱」し、その事業の誕生から運営に貢献したという理由で、「第一八回毎日国際交流賞」（二〇〇六年）を受賞した。

百年の森

豊かな村を復活させようとする村人たちの取り組みはこれで終わりではない。「地場の市場作り」の波及効果で、もう一つの事業が始まった。それはチュアムさんたちが「百年の森」構想と呼んでいるものだ。サトウキビやキャッサバなどの輸出用作物の単作栽培の拡大によって広範囲に伐採され、森が姿を消してしまった地域に、再び緑豊かな森を回復させ、小鳥たちが舞い、小動物たちが遊ぶ姿を取り戻そうとする村人たちの取り組みだ。自分たちのためだけでなく、地域の百年先を考えた、村の子孫のための森作りでもある。

「森があったころの村の姿を知らない子どもたちが増えている。彼らには以前の森を取り戻すことはできない。その頃の村を知らないからだ。取り戻すことができるのは我々だけだ。それは我々の責任でやらなければならない」とチュアムさんは言う。

池を持たない人、田んぼしか持ってない人にも畑を貸し出し、元々あった公共の池の近くに共同で野菜作りと森作りができる仕組みを作った。その地は昔から神様が宿っていると言い伝えられ人々から崇拝されたところでもあった。農地を貸し出す際には、栽培する野菜の間に一定の間隔で木を植え、水を与えるなどの管理をすることを条件とした。共同の農地には四〇戸あまりの入植があった。畑地を持たない人々は喜んで参加した。

この構想が始まったばかりの二〇〇〇年頃に、私もその地を訪ねてみた。まさにそこは乾いた風が吹く不毛の地のように見えた。ポツンポツンと背丈が一メートルほどの木が植えられている。一〇〇メートルほど離れたところに池（公共の池）がある。遮るものがないから、周囲を遠くまで見通すことができた。数人の農民らしき人が木と作物に水を与えていた。作物は新しくできた朝市で売るという。だけど果たしてここがやがて森になっていくのだろうか。大いに疑問だった。ほとんどハゲ山ならぬハゲ地と言ってもいいような感じだったからだ。

数年後に再びその地に立つことができた。そして驚いた。ここだと言われるまで全く気がつかなかった。そこはもう、うっそうとした森の中だったからだ。木々や野草が生い茂る自然の森そのものだった。小鳥たちがいた。小動物もいるという。熱帯の木々の成長の早さに驚く。そしてこれは自然にできた森ではない。森を失った村人たちが、村の将来を考えながら作りだした「志の森」だ。すでにそこには自然の生態系がよみがえっていた。

この「百年の森」の取り組みを通して、みんなが村全体のことを考えるようになったとリーダーの

「百年の森」取り組み前。伐採され、傷ついた森

「百年の森」取り組み後。小鳥や小動物が戻ってきた

チュアムさんは話す。「生きるための農業」を通して、村人が、共に生きていける地域のことを考えるようになった。村人相互の連携を考えるようにもなった。輸出作物栽培でいったん壊れかけたかに見えた小農民の村が、暮らしの自給と共に、失った地域を再び取り戻そうとしている。

タイから帰ってきた松尾君は、今地元横須賀で「百年の杜」と名付けた居酒屋をやりながら、アジア農民交流センターの事務局長として頑張っている。

閑話休題3

草木塔

夏の朝の水田風景は美しい。

朝霧の乳白色の中、太陽が昇るにしたがって少しずつ緑の水田が顔を出し、広がっていくさまは「神様」がいるのではないかと思えるほどだ。

夏休みなのか、それともお盆が近づいてきたからか、村を行きかう人たちの中に帰郷者やその家族、子どもたちの姿が目立つようになってきた。そろそろお盆に向けた準備を始めるか。家の内、外の大掃除、障子の張替え、客用の布団干し……忙しくなる。お盆に入ったら入ったで、客のもてなしにおおわらわだ。嬉しいやら、疲れるやら……お盆が終われば、村の病院は高血圧が悪化したり、腰が伸びなくなった……の年寄りたちでどっと混雑するだろうな……それはないか。いいや、あるかもしれん。

とにかく気ぜわしい。そんな日々が始まった。

お盆はこんな俺でも何かしらご先祖さまを意識しながら過ごす特別の日々だ。はたから見たら、接客がてら昼間から酒だ、ビールだと大騒ぎし、メタボの腹をつき出して、だらしなく過ごしているように見えるかもしれないが、勘所はちゃんとおさえている。

「霊」とか「魂」などについては詳しくはないが、故人となった方々に思いをはせながら、仏壇に手を合わせ、感謝の気持ちを新たにする。そんな機会はお盆やお彼岸や法事など日常生活の中にもたくさんあるが、ここで紹介したいのは同じように霊や魂への感謝なのだけれど、相手は人間でも牛や馬などの家畜でもない。草や木や土だ。

草や木の魂をなぐさめ、感謝する碑が山形県の南部、置賜地方に六〇基ほど分布している。「草木塔」と呼ばれているもので自然石に「草木塔」または「草木供養塔」と刻まれている。だいたいが江戸の中期に建立されたものらしい。碑の一部には「草木国土悉皆成仏」という文字が刻まれていることから、建立の趣旨がうかがえる。草木はもちろんのこと土に至るまで、皆、悉《ことごとく》成仏できるということだが、先人の自然観、生きることへの謙虚さ、心根の豊かさ、優しさが感じられておもしろい。えらいもんだ。

そこで実際に見てみたくなって、白鷹町に草木塔を訪ねた。それは森のそばの農家の庭先にあった。

高さは六〇センチぐらいか。やはり自然石に「草木塔」と刻まれている。江戸の後期、米沢藩から森林の管理と木材の切り出しをおおせつかったご先祖が建てたものだそうだ。

そのご先祖が亡くなるとき「私はたくさんの草や木のいのちを奪ってきた。供養と鎮魂の碑を建ててほしい」と願っていったという。それを受け、塔はその子孫が建立した。以来今日まで、森の切り出しはやっていないが、毎年、お供え物を添えてその碑を祀り続けてきたという。

当時の人たちにとって森の木々にいのちを感じながら、それらを伐採し続けた日々はきっと気持ちのいいものではなかったに違いない。寝覚めだって悪かっただろう。亡くなるときには、「草木の化け物が俺の周りに来て……」と言っていたそうだ。分かるような気がする。俺ですら庭の木を伐採しなければならなくなったときには、やっぱり手を合わせてから作業に入るもの。そういえば娘が小学生の頃、道路拡張で庭の桜の木が切り倒される前日、B5の用紙に「追悼」と書いて泣きながら手を合わせていたっけ。こんな気持ちの有りようは珍しいことではない。植物と一緒に暮らす田舎では生まれやすい感情だろう。

俺たちに草や木や土の喜びや悲しみは分からないが、生まれたからには、やはり、天寿を全うしたかったはず。それなのに俺たちが生きるためとはいえ、草木を倒さなければならない。刈らなければならない。焼かなければならない。本当に申し訳ないことだという謝罪と感謝の思いがその碑の中に込められている。

お盆を機会にご先祖だけでなく、私たちを今まで育ててくれた草や木々にも感謝の思いを新たにしなければといつになく殊勝な気持ちになっている。お盆はそんな思いを育てる特別な日々だ。

第七章　循環する地域農業を創る――レインボープラン序説

アジアの農民交流に力を注ぐのと同時に、私は「レインボープラン」という名の、農業を基礎とする循環型社会づくりに取り組み始めた。以下はその基礎となった拙文である。書いてから少し時間は経ったが、基本的な構図は何も変わらない。ぜひ、ご一読いただきたい。

みんなでなるべぇ柿の種

どのような危機も、危機一色ということはあり得ない。日本の歴史の「転換点」をふりかえってみてもそれは同じだ。危機の中には必ず新しい可能性がはらまれている。危機は混乱期であり、混乱期は古いモノサシの崩壊期である。それはまた、新しいモノサシの創造期でもあるのだ。

若手の農民がいない、と農協の営農部職員は嘆く。「首都圏の生協より野菜の産直を申し込まれているのだが作れる状態ではない。若い農民がいなければ技術は定着しない。今は五〇代、六〇代でも現役で頑張れる。だからといってそこで野菜組合を作ってみても一〇年後を考えれば六〇代、七〇代で、限度がある。生協の要求にはすぐに応じられなくなるだろう。コメが凋落し、養蚕もだめだからといって、こんどは野菜作りへというように簡単にはいかないよ」。

たしかにその職員が言うように、若手の農民はいなくなった。しかし、だからといって農業の現状を嘆くことからは何も生まれないのだ。その職員に限らず、農業関係機関のどの指導者の誰もが現実の厳しさを指摘はするが、その厳しさにどのような「対案」をもってのぞむか、という肝心の話はほとんどしてこなかった。たぶん練ってもこなかっただろう。それを聞き続けた農民の心情は、「あなたの容態はとても厳しい」と繰り返されるだけで、とるべき処方箋（＝対案）を施さず、希望の方向を指し示さない医者の前の患者の気持ちによく似ている。暗くなるばかりだ。若い連中の誰だってそんな農業に就きたいと思うわけがない。

対案や建設の伴わない、ただ現状を憂うるだけの「嘆き節」はもうやめよう。それは愚痴でしかない。農業の現状を批判する場合でも、「それでは我々はどのようにしていくのか」という対案の伴った批判でなければ無力だ。私たちには今、現状を打開する具体的方策が求められているのだ。

「批判と反対」から「対案と建設」へ。自分たちの地域農業を守ろうとする農民や市民の創意によって、私たち自信の対案（＝希望）をつくりだす。「難局には対案をもって参加する」。これが私たちの主体的課題でなければならない。

ただし、ここで言っている「対案」とはあくまで地域社会においてである。国家が介在する場合は別だ。立脚点が違う。

柿の種＝対案への条件

「対案」とは何か。どんな農業が対案となりうるか。

まず、その枠組みを考えてみた。それは百姓としての私が考えた対案であり、「ＰＰ21（ピープルズ・プラン21世紀）」を経て、いよいよ実践に向かう際に立てた、私の目標となる農業と地域づくりの指針である。書いたのは一九九〇年。「今となっては、多くの事はすでに自明のことで、何の先駆性もない。それなのに何を今さら……」と思う人も決して少なくはないと思う。だけど…だよ。今でも基本的構図は当時とほとんど変わってないと思う。だから何度でも確認しておく必要があると思うし、やっぱり今でも、私の生きた指針となっている。

私が対案の条件として設定したのは以下の七つだ。

①生命系の原理に立つ農業　②地域に循環の仕組みを作り出す　③多様性の共生としての地域社会の実現　④地域の自立と自給　⑤参加民主主義　⑥地球的視点　⑦小農・家族農業を中心に考える・生きるための農業。

それらをレンズのように重ねて向こう岸を覗いてみる。見えるだろう？　そう、レンズの向こうに見える社会こそが、私たちが獲得するべき社会なのだ。

時代は今、地球的規模において転換期を迎えている。現代は、いわば工業系が主導する「資源収奪型社会」から、人類の生存を何よりも優先させなければならない生命系が主導する「共生社会」への大いなる過渡期、転換期と言える。たとえそれが地域農業といえども、私たちが「対案」として獲得しなければならないのは、そんな大きな流れを反映したものでなければならない。

郵便はがき

お手数ですが
切手をお貼り
ください。

1 0 2 − 0 0 7 2
東京都千代田区飯田橋３−２−５
㈱ 現 代 書 館
「読者通信」係 行

ご購入ありがとうございました。この「読者通信」は
今後の刊行計画の参考とさせていただきたく存じます。

ご購入書店・Web サイト
書店 都道府県 市区町村
お名前《ふりがな》
〒 ご住所
TEL
Eメールアドレス
ご購読の新聞・雑誌等 特になし
よくご覧になる Web サイト 特になし

上記をすべてご記入いただいた読者の方に、毎月抽選で
５名の方に図書券５００円分をプレゼントいたします。

お買い上げいただいた書籍のタイトル

本書のご感想及び、今後お読みになりたいテーマがありましたらお書きください。

本書をお買い上げになった動機（複数回答可）

1.新聞・雑誌広告（　　　　　　　　　）　2.書評（　　　　　　　　）

3.人に勧められて　4.ＳＮＳ　5.小社ＨＰ　6.小社ＤＭ

7.実物を書店で見て　8.テーマに興味　9.著者に興味

10.タイトルに興味　11.資料として

12.その他（　　　　　　　　　　　　　　　　　　　　　　　　　　）

ご記入いただいたご感想は「読者のご意見」として、新聞等の広告媒体や小社Twitter等に匿名でご紹介させていただく場合がございます。
※不可の場合のみ「いいえ」に○を付けてください。　　　　　　　いいえ

小社書籍のご注文について（本を新たにご注文される場合のみ）

●下記の電話やFAX、小社HPでご注文を承ります。なお、お近くの書店でも取り寄せることが可能です。

TEL：03-3221-1321　FAX：03-3262-5906
http://www.gendaishokan.co.jp/

ご協力ありがとうございました。
なお、ご記入いただいたデータは小社からのご案内やプレゼントをお送りする以外には絶対に使用いたしません。

だからたとえば、「より見映えのいい作物を作ることによって産地化を……」というような、今までにも幾度となく繰り返されてきた方法によって「対案」をひねり出すのではなく、いのちと食べ物と農業、そして社会の持続性という、より生命系の基準に立ち返ったところからの対案が求められる。

(1) 生命系の原理に立った農業

生命系の原理に立った農業。それは環境との共存—持続可能な農業(法)ということと、生命と食べものの原点に立ち返り、農作物を作り出すということだ。

私たちは結局のところ地域の環境を食べ、環境を飲み、地球の自然資源を活用して暮らしている。幾百代遡る過去の先人たちもそのように暮らしてきた。幾百代未来の子孫もそのように生きていくに違いない。生命活動の源である土、水、空気。それらは過去から未来に至る、人々が共に依存する共同の資源、いのちの財産であって、今の私たちの世代の「利益」だけを考えて勝手に取り上げていいもの、汚していいものではない。

ところが今、支配的な農法は、生産性、効率性を第一とし、化学肥料や農薬に多くを依存する農法である。少なくとも日本ではそうだ。国や県の機関もこの農法を指導し、農産物をなかだちする市場もこれを前提に規格品を求める。きれいな野菜や果物がスーパーを飾る。しかし、この農法は、自然がつくり出した資源と、前世代までの土づくりの成果の上に、初めて可能な農法であった。それまでの蓄えを消費するだけの農法であった。その蓄えが失われるや、土のバランスが崩れ、病気が蔓延し、より農薬への依存を増していく。

この農法は改めて言うまでもなく、「工業が主導する資源収奪型社会」に見合った農法である。目の前の資源を、自分たちの世代だけに分け与えられたものであるという大きな認識違いと、地下水や河川、土や環境全体への影響を全く配慮しない、目先の利益や生産効率のみを追っている農法だ。改めて言うまでもなく、ここでいう生産性や効率、コストに対する考え方は、社会の持続性や永続性を組み込んだうえのものではない。水や土壌を汚染から守ることを前提としたコストではなく、リサイクル可能な資源を回収、再利用することを前提とした効率主義でもない。あとはどうなろうと、汚し放題の使い捨て。当面の競争のためにただ作って吐き出すだけだ。そのような生産のあり方が、今、あらゆる生命体の生存危機を招いている。

効率性、生産性を何よりも優先させるという考え方に代わる、新しいモノサシの基調をなすものは「生命系の原理に立った農業」ということであろう。

土からの収奪の農法ではなく、土に依存し、土の力を衰えさせることなく持続的に活用する農業。農薬や化学肥料への依存を必要最小限とし、自然生態系を破壊することなく、絶えざる循環の中で食べ物を生産する農法。このような農業（法）への移行が、対案の第一の条件である。

（2）多様性の共生社会としての村社会の実現

男と女、都市と農村、外国人と日本人など、これら違うもの同士が、互いの違いを認めあったうえで、共に生きられる社会としての地域社会をつくり出していくこと。これが農業の対案への第二の条件である。

私はつい昨日まで、「柿の種」への条件を、主に農法の面からのみ考えてきた。しかし当然のことながら、農法を駆使するのは人間である。農村の生活が、農村で生きる誰にとっても豊かで暮らしやすいものにしなければならない。それがあっての農法だ。それがなければ、農法をいかに変革しようとも、それを活用する人的基盤は形成されることなく先細っていくだろう。女性を含め、人が集まって来ないところに持続性はない。

しかし、現在の村社会のシステムは女性の人間的成長や活躍を促すようにはなっていない。農協の役員をはじめ、ＰＴＡの役員、地区役員、生産組合の役員などは、ほとんど男であって女性の進出は事実上閉ざされている。意欲的な女性にとって村で生きることは、そうおもしろいことではない。だから若い女性は村に居つこうとしない。結婚して村で生活を始めることに二の足を踏む。

置賜地方の農家の女性たちでつくっている「置賜をひらく女たちの会」から、次のような指摘を受けたことがあった。

「農家のお嫁さんは、だいたいの場合、村の外からやってくる。家や村にとって、嫁さんはまず異分子。そんな嫁さんに対して家や村社会は、すでにある秩序への同化を求める。それに抗して私たちが自分の生き方を貫くのは難しい。その難しさが、外からは閉鎖的（男）社会と映る。その閉鎖性は同じく都会からの農民志願者に向けられたり、外国人のお嫁さんに向けられたりするだろう。その人がどこから来た誰であっても、村社会で生きていこうとしたら、それぞれが自分らしく生きられること、そのような共生社会に村社会を変えようとすることが大切だと思う。それにはまず家の中の女性、つまり祖母、母、妻、妹、娘との関係を変えることから始めてほしい」

誰でもが、それぞれの個性や考え方に応じた生き方ができ、自分らしい人生を生きられる多様性の共生社会としての村社会の実現。これが対案への第二の条件であろう。

（3）地域の自立と自給

これは、私たちが今住んでいる地域を、力をあわせて天国に変えていこうとすることだ。地域の方向づけを国や県に預け、「○○してほしい」と請願・嘆願するのではなく、「××してくれない」とがっかりしてしまうのでもなく、地域の今、そして未来の有り様を自分たちで考え、自分たちで行動し、自分たちで創ろうとすることである。

地域は言うまでもなく都会の「欲求」を満足させる「道具」として存在しているわけではないし、「植民地」でもない。地域には、そこに生きる人々の生活があり、人生がある。地域は、そこで暮らす人たちにとって、それ自体として一つの世界であり、つまり全体なのだ。だからこそ、地域を他人任せにしてはいけない。地域の方向性を決めることのできる権利と義務は、その地域の中に生きる生活者にある。私たちには地域とのそんな関わりが求められていると思うのだ。

自分たちの地域に自信と誇りを持とう。田舎だから…と、自信なげなことを言う人がいるが、それは的外れだ。大事なのは、田舎は田舎であることによって横綱なのであって、都会に近づくことが田舎の「出世」ではないということである。五年、一〇年の時間サイクルで地域の未来を考えていくのは都市の手法であるが、私たちは五〇年、一〇〇年の時間幅で考えていくこと。豊かな自然環境、農地、ゆったりとした空間など人が生きていくうえで欠くことのできない資源を背景として、地域の未来をしっかりと考え、築いていくことが大切なのだと思う。

繰り返すが、地域の自給と自立を単なる理念に終わらせてはならない。それは「依存と従属」からの脱却をはかり、地域に主体性、全体性を取り戻そうとする、人々の足もとから始まる実践的課題である。

さて、地域の自給と自立、その視点から地域農業を見たとき、地域農業は地域社会と結びついているのではなく、大都市とつながっていることに気づかされる。地域内生産、地域内消費という食べ物にとって最も理想とされる関係が簡単に実現できる距離に、いわば同じ身体の右手と左手のように農村とまちが隣接しているにもかかわらず、多くの場合、協力し合う関係になっていない。生産物の流れでいうならば、地域農業にとって地域社会は、あってなきがごときものである。たとえば私たちの村の特産品であるどの作物を取ってみても、ほとんどが東京に運ばれ、我が町の店頭に並ぶものは「下リモノ」といって、都市に並ぶことのできなかったもの、「Uターン野菜」である。本来ならば地域の作物を、他のどこよりも豊かに食卓にあげることができるのは地域社会であるはずだが、多くはそうなっていない。これでは地域社会の魅力が失われていくばかりだ。最近でこそ、地方に行けば直売所があって、地元産の農産物が並んではいるが、それとて地元での消費量全体の中に占める割合は決して多くはない。そもそも学校給食にしても地元の割合は小さい。

地域農業は、生産活動の根本においていかに優秀な都市の道具たりうるかを競い合ってきた。いわゆる「主産地形成」である。

大消費地に対して「主産地」たろうとしたら、単一の作物の大量な供給を可能とする生産体制が求められる。タマネギならタマネギだけという畑が延々と続くという風景がなければ市場に向けての安定供給ができにくい。それができなければ市場で評価されない。また、そういう作付けを五年、一〇年と続けなければその席を守ることもできない。だが、それをやり続ければ、やがて土が壊れていく。病気がひんぱんに発生する。いいものが育ちにくくなる。かくて農薬による土壌消毒、作物消毒が数多く行われるが、次第に産地としての力を失っていく。

このようなことは、幾度も繰り返されてきたことである。でも大都市の仲買人はいっこうに困らない。ただ産地を変えればいいだけの話だからだ。結局そのツケは、地域農業とそれをかかえる地域社会全体が払わなければならなくなる。

これを変えていくためには食物流通を基本から見直さなければならないだろう。まず、農家が食べるのと同じものを地域の人に供給する。そこで消費し切れないものを都市に供給する。つまり、食の自給を優先させ、農家から地域へ、地域から都市へとつないでいく。これが「食べ物」流通の基本だろう。

地域農業と地域社会との結合によって、地域内の自給率を高める。地域内の生産と消費を結びつけ、外に販路を求めるのはそのうえでのことだ、という地域を中心とする視点からもう一度、地域農業を見つめ直してみよう。二一世紀に広がるであろう生命系の共生社会にふさわしい農業のあり方は、地域を基本とした展開の中から生まれてくる。これが対案への第三の条件である。

（4）「開かれた家族農業」を基礎にする

政府は、農業への企業の参入に道を開こうとしている。言うまでもなく企業は利潤追究を核とする集団である。だから有機農業がより多くの利潤を生むとなれば、農家よりも高い技術をもって有機農業を行うこともありうるだろう。その視点からいえば従来の家族農業より、一時的に環境にいい影響を与えることだってあるかもしれない。だが、それでもなお対案を構成するものは家族農業でなければならない、と考える。

その理由は、「企業は利潤追求を核とする集団である」という一点においてである。企業のその目的からいって、地域社会との関係や、地域社会に対する責任は、二次的なものでしかない。もしその地域で目的が実現できにくくなればいつでも引っ越さなければならないからだ。その際、役に立たなくなった農地は全く目的外に使用されたり、不動産業に転売されたりするだろう。

ここでも私たちにとって必要な視点は、「五〇年、一〇〇年の幅で考える」ということである。その視点で見ると、地域農業は過去から届けられた贈り物であり、未来の子孫につながらなければならない時空を超えた共同の財産であることに気がつく。地域農業は現在だけでなく、未来の人々の食べ物をも同じように生み出さなければならないのだ。一代限りの消耗品ではない。よって、共生社会にふさわしい生命系原理の農業は、地域社会で生活し、そこで暮らしをつくろうとする家族農業か、それを基礎とする農業法人によって担われるべきであろう。

しかし、とはいうものの、他方で、中山間地に広がる耕作放棄地は、伝統的な家業としての家族農業の後退を示しており、引き続いて同じ基盤に依存して農業の未来をつくり出すことができないということを教えている。

そこで必要となってくるのは、新規参入者に道を開くということである。つまり、外に対して閉じられた家業としての家族農業とそれを主体とする地域農業から、新規参入者と共生する地域農業への脱皮が求められている。いわば開かれた家族農業ということである。これが対案への四番目の条件である。

以上、四つの条件。これが当面の「柿の種」の枠組みである。この枠組みの中に私たちの地域にふさわしい具体的内容をつくり出していくこと、それは農民であり、生活者でもある私たちの役割ではないかと思う。

希望への接近をはばむ壁

いよいよここからは、対案をもって地域に働きかける新たな実践編である。ヘリコプターによる農薬の空中散布に依存しない米作りをしたいという動機から、減農薬米作りの運動を集落の農民と共に私が始めたのは一九八六年のことだった。どこまで減農薬が可能か、当時、私たち「みのり会」と農協と生協の共同の実験圃場に託したものは、誰にでもできる減農薬の米作りということであった。誰にでもできるということにこだわろうとしたのは、そうでなければ面としての普遍的広がりがもてないからだ。

現在、除草剤一回のみか、あるいはそれに殺虫剤一回使用の米作りが定着した。空中散布が止まった面積は、転作畑を含めれば五〇ヘクタールに及んだ。私たちはこれを一〇〇ヘクタール、三〇〇へクタールへと拡大したいと思った。しかしそこで壁にぶつかったのである。それは面としての、少なくとも自治体単位での減農薬栽培を目標とすれば、なおさらその壁がはっきりしてくるのだ。その壁とは何か。それはつまり、それだけ広い面積の「土づくり」を何によってするかということである。

かつては家畜としての牛や馬、それに人糞などを活用して土を肥やしていたが、現在は私たちの村でも豚や牛や鶏をあまり見ることはなくなった。自然養鶏の鶏を飼う私の家などに、近くの保育園児が弁当を持って遠足に来るという具合なのだ。家畜の主導権は、農家の手を離れ、畜「産業」としてのアグリビジネス＝農業関連企業の手に移りつつある。

今、田や畑に有機質肥料を投入したくても、ほとんどの農家で堆肥が無いという状況を前にしている。何によって「土づくり」をするのか。現場からのこの問いかけに答えずして、面としての減農薬、あるいは有機栽培の広がりを実現していくことはできない。

減農薬米の稲作りの経験から、「対案」を実現するにあたって、「堆肥」の問題があることに気がついた。

面としての有機農業に必要な堆肥を何によって作り出すのか、このことは、二一世紀の農業の希望である「生命系の共生社会にふさわしい農業」が可能か否かという問題と深く結びつく。それができなければ、私たちの子孫もやっぱり化学肥料と農薬に深く依存するという世界から抜け出ることができず、また環境や食べものの農薬汚染からも自由にはなれないのだ。農業の希望が絶望に変わる。

堆肥を作る場合、その地域の有機質資源を活用することがのぞましい。中には、魚カスなどを投入して「良質な堆肥」を作っている人たちもいるが、前に見たように、堆肥となる魚資源はすべて国内で自給できているわけではなく、第三世界の海域をトロールでさらってきたものも含まれている。彼らの貴重なタンパク源を、技術の優位にまかせて漁ってきてそれを堆肥にし、安全な良質作物を作りたい―食べたいという構造は、「先進国」の傲慢以外の何ものでもあるまい。つまり堆肥のための有機質資源は、地域自給が原則である。その範囲は、安定的な持続をはかるうえでそう広くないほうがいい。しかし、家畜は極端に少なくなった今、この現実を前に、考え込まざるを得なかった。少なくとも人々の未来への希望に応える農業は、資源収奪農法＝化学農法ではない。これだけははっきりしている。そうだとしたら大量の堆肥を何から作り出すべきか。

ついに出会ったのが人糞、生ゴミなど、地域の中で使われずに廃棄物として油で燃やされていた有機資源だった。それを堆肥として活用し、できた作物を地域社会に還元させる。

このような地域社会と、地域農業の新しい結びつきによって堆肥の地域自給と、地域内生産、地域内消費という理想的な食環境が同時に誕生するのではないか。いわば、地域・資源循環の農業ということだ。

地域・資源循環農業への出発

まず私が最初に考えたのは、人糞を堆肥にするということだった。家畜の糞が立派な堆肥となるなら、人間の糞がなれないわけがない。

私たちの親の世代までの百姓は、人間の排泄物をすべて活用していた。糞も尿も、である。それらを「堆肥塚」にまき、幾度も切り返しては立派な堆肥を作っていた。思えば全く良くできた循環生活だった。その循環の要は「堆肥塚」である。ワラの間に山土や厩肥をはさみ、し尿、糞尿をかけ、幾重にも積み上げる。大人の背の高さよりもっと高く積み上げる農家もある。さらにその上に、毎日の家庭の生ゴミ、畑の野菜くずなど、出るたびごとに積み上げる。つまり、ありとあらゆる有機物を無駄にせず、堆肥に変えていく。

堆肥を田畑に、田畑の稔りを台所へ、その残飯と排泄物は堆肥塚へ……農家ごとの小さな循環のサイクルは、田畑―台所―堆肥塚―田畑―台所……と少しの有機物も無駄にせず、村の中でくるくるまわっていた。

さて、人糞が堆肥にならないわけがない。そう考えた私は清掃事業所に問い合わせた。答えは、かつて一度試作品を作ったことがあり技術的には可能だが……人糞を固形状に凝縮すると、時々国の基準値を超える水銀が検出されるということだった。生体濃縮である。改めて人体からと言われても意外な感じがしないのが恐ろしい。それを、継続的に同じ畑に入れ続けるとどうなるのかのデータはない。相手が重金属・水銀であるだけに、安全性への確信が得られないならば使えない。人糞使用は、棚上げだ。せっかくかなりの量の資源に出会えたと思ったのに……検討の継続を図ることにした。

次に出会ったのが「生ゴミ」であった。生ゴミにもいろいろある。市民の台所から出る生ゴミ、豆腐工場のおから、ジュース工場の搾りカス、学校給食、食堂などの残飯、河川の土堤草、街路樹の剪定枝、学校の落葉、水田のモミガラなど地域の中で活用されず、捨てられ、燃やされていた有機質資源だ。

私の住む長井市が一年間に出す家庭からの「生ゴミ」は一、一〇〇トン、事業所から出る「生ゴミ」

は六〇〇トンの計一、七〇〇トンである。その他、先にあげた枝や草を入れたらその数はもっと大きなものとなるだろう。

家畜を飼う農家は、数が少なくなったとはいえ、残った農家は多頭化経営の中で尿の処分に困っていた。尿はこれまで、組合で集め近くの放牧場にまいていたが、そこも飽和状態で、雨が降れば近くの川に流れ出し、黄色の川となってしまうという状態だった。その総量は年間四七五トン、モミガラを加え水分を調整すれば良質の堆肥ができあがる。

地域ぐるみ、市民ぐるみで有機質資源を収集し堆肥化することによって、いったいどれだけの量の堆肥ができるのだろうか。「調査委員会」での一年間の調査結果によると、生活系、事業系生ゴミ一、七〇〇トンからは九五〇トン。四七五トンの家畜の尿からは七〇〇トンの堆肥ができあがる。合計すれば一、六五〇トン。これに河川の土堤草、街路樹の剪定枝などの有機物が加わるわけだから、もう少し多くなるだろう。

※〇〇トンという数字はあくまで当時の数値だ。ここでは主にその考え方を受け止めてほしい。

難局には対案をもって参加する

さて、「柿の種」への四つの条件を受けての対案＝地域循環農業の構成を見てみよう。さきに私は農家の「堆肥塚―田・畑―台所―堆肥塚」という小さな循環について触れた。地域循環農業はそれを地域レベルに拡大したものである。「堆肥センター―地域内農地―市民の台所―堆肥センター」。このように回る地域循環は、市民ぐるみ、地域をあげての取り組みとなる。

今までは、地域の有機質資源を燃やしていた。これがもっともコストがかからなかったからである。貴重な化石燃料を、生ゴミという全く役に立たないとされているものを燃やすために使用するという浪費のシステムが、もっともコストのかからないものとされたのは、排出されたNOx（窒素酸化物）回収費、大気汚染、温暖化防止などの、取り組んだとすればとてつもなくかかるであろう経費を計算に入れなかったからである。もはやそれは、もっとも経費のかかるものとなった。

すべての作物は、土や太陽の恵みを受けて成長する。それを人間が食べ、その残りを堆肥にして土に返して、新しい生命の源とするという循環のシステムこそ、「もっともコストのかからないもの」となる。

堆肥センターの採算は「生ゴミ処理、環境保全、土づくりと農業振興、食生活の改善―市民の健康、地域づくりへの市民参加」など、社会的、総合的に考える。地域農業と地域社会が結びつき、協力し合うことによって、自然環境との共存をはかり、かつ安全で豊かな食環境をつくり出す。そのことによって地域農業は、農民だけのものではなく、地域に生きる市民みんなの健康に直結した共同の財産となるだろう。そして、地域農業を守ろうとすることが、農家だけの主張ではなく、市民全体、地域社会全体の願いとなるはずだ。

主に食と環境という視点を通してではあるが、長井市民であることに安心と安らぎを感ずることができるなら農民としても、市民としてもこんなにうれしいことはない。市民が直に参加し、運営するネットワークによって、長井市は、生命と健康を育む町として二一世紀の次の世代へと引き継がれていく。

農薬の空中散布反対の取り組みから土の力の衰えに気づき、堆肥の不在から生ゴミの堆肥化、農と地域づくりへの市民参加の考えに至る。この視点に立った地域づくりが、農民としての私の大きな課題となった。

これが難局に挑む私の「対案」である。水、大気、土、森、という自然環境、食べもの、農業など、人間の生命と直に結びつくすべてのものが危機の中にある。今日の農業の危機は、単なる産業としての危機だけではなく（もちろんそれもあるが）、他のさまざまな分野と連動する人類の危機、資源浪費型社会がもたらす生存の危機としての共通性をおびている。そのような時代認識を受けての私（当時はまだ私たちとは言い難い）の「対案」である地域循環農業の実現は、そのまま地域循環社会、持続可能な人間社会の実現へと合流していくのだ。

危機の中には必ず新たな可能性がはらまれている。「柿の種」の話を思い出してほしい。繰り返すが、何が落ちる「果肉」であり、何が「柿の種」なのかをしっかりと捉えることからすべては始まる。

こういう時代の過渡期にあたって、私たちはどう対応すべきか。それはすでに述べてきたように、「対案」をもち、育てることである。古いモノサシではダメなのだと単なる批判ですませる時代ではない。「私はこのようにしたいが、どう思うか」というように、建設的に「対案」を対置する。「批判と反対」から「対案と建設」へ。「難局には対案をもって参加する」。これが私たちの立脚点、実践的課題でなければならない。（お断りしておきたいが、これは特に地域政策においてである。国政においてはまた違う視点が求められる。）

自分たちの希望や未来は他人から分け与えられるものではない。また、運命のように我々がそこにやってくるのを、待ち受けてくれているものでもない。私たち自身が選びとり、作り出すものなのだ。農業の未来とその希望もまたしかり。私たち農民が自分自身の力で考え、あるいは跳ね返し、そして作り出すものなのだ。それ以外の希望は決してやっては来ない。

ここにタマゴのカラがある。それをつぶすとさまざまな形をした、たくさんの破片ができる。丸いものや星型、三角のものや……その多様な破片、形をうまく組み合わせて日本列島の地図を作ってみる。破片の一つひとつが「地域」だ。さまざまな地域によって組み立てられる日本列島。そんな自治と自給のさまざまな地域社会が相互に連携して、日本社会、および日本農業を構成できたらと思うが、どうだろうか。

閑話休題４

山の神様の話

自然養鶏に取り組むようになってからほぼ三五年になる。その間、へぇ〜と思う「小さな発見」がいくつかあった。「山の神様」との出会いもそんな発見の一つだ。ちょっとしたことがきっかけだった。僕が親愛を込めて「山の神様」と呼んでいるのは地元の微生物のことだ。

草をついばむニワトリたち

　ある日、鶏舎から外に出たニワトリたちをぼんやりと眺めていたら、多くのニワトリたちが土を突っつき泥水をすすっているることに気がついた。鶏舎の中にはエサがあるし、きれいな地下水が間断なく注いでいるのに何を求めての土や泥水か？　しばらく思いめぐらした後、僕の得た結論は、単に水分や土中のミネラルを取り込もうとしているだけでなく、それらの中に含まれている「地元の微生物」を体内に取り入れ、身体の内と外との調和をはかろうとしているのではないかということだった。

　それぞれの地域には、その地その地の環境に見合った「地元の微生物」がいる。わずか一グラムの土の中に数億とも数十億ともと言われるおびただしい数の微生物たち。そのものたちは土だけではなく、大気中にも、植物の上にも、水の中にも、僕たちの皮膚にも、もちろん我々の体内にも……と、どこにでもいてくれて、生きているものたちの生命活動を支えている。我々のいのちは彼らの参加と調和によって維持されている。

人間の赤ちゃんは生まれたときは無菌状態だが、三日の後には必要な微生物が体内にそろい、以来いのちが尽きる日まで連れ添ってくれるという話を聞いたことがある。

人間だけでなく地域の動物たちも、草や水、あるいは土を通してその微生物を体内に取り入れ、身体の内と外（自然）との「調和」をはかっているのだろう。

昔から言う「三里四方の食べ物を食べよ」も「身土不二」も、それぞれの地域の「地元の微生物」に依存して暮らすこと、あるいは「微生物との調和」の大切さを教えたものだろうと思っている。

僕はエサを醱酵させて与えていた。醱酵させたほうが無駄なく吸収できるためだ。当時、醗酵菌は県外（石川県）のものに頼っていた。

しかし、よく考えたら、ニワトリの周辺には朝日連峰の微生物、体内には石川県の微生物。このような組み合わせは自然の動物にはあり得ないことだ。ニワトリたちはこの不調和を是正しようとして、土や泥水を食べようとしたのかもしれない。そう考えた。

自然との調和は健康の源であり、いい玉子は健康なニワトリから産み出される。この地域の微生物でエサを醗酵することはできないだろうか？　それができたらニワトリたちの生態と自然とのハーモニーがしっかりと築かれ、養鶏の枠の中とはいえ、さながら野生のタヌキやヤマドリたちと同じ世界が実現できるはずだ。地元の微生物をいただきに行こう。

パワフルなのはやはり森の中。山に分け入り、ラーメンどんぶり一杯分ぐらいの腐葉土をいただいてきた。それを大きなバケツでそれぞれ六杯ぐらいの米ぬかとノコクズとでまぜ合わせ、小山状態にして様子をみた。腐るなら嫌な臭いを出すだろう。醱酵ならかぐわしい香りを放つはずだ。どきどきして見守った。三日後の朝、シャッターを開けたらエサ場の中いちめんにいい香りが広がっていた。醱酵だ。小山に手を入れてみる。熱い。六〇度はあるだろうか。何と力強い醱酵であることか。

それは同時に、太古の昔から生命の循環をつかさどってきた地元の微生物との感動的な出会いだった。僕は思わず、「これは山の神様だ!」と叫んでいた。あなたはこのときの僕の喜びを想像できるだろうか?

さっそくそれをエサ全体に混ぜた。エサは同じような香りを放ちながら潑酵していった。これでようやく野生と同じ「調和」が実現できる。僕のニワトリは地鶏になれる。そう確信できた。

その日から今日まで、ニワトリたちは山の神様のお世話になっている。おいしい玉子を産んでいることはいうまでもない。

第八章　動き出したレインボープラン
――地域の台所と地域の土を結ぶ

さて、ここから始まる第八章は生ゴミを通して循環型社会をつくろうとした実践記だ。雑誌『現代農業』（一九九八年一月号～同年十二月号）に連載された文章を基調としている。やがて多くの仲間たちとつながることになるにしても、初めはほとんど一人からの取り組みだった。減農薬運動や、「ピープルズ・プラン21世紀」の国際交流に汗を流しながらも、人口三万余の長井市の中での私の存在は、「菅野芳秀？　あの成田で暴れたとかいう学生運動をやってた人か？」あるいは「減反拒否をやって周りに迷惑をかけた奴か？」。多くは、こんな感じだったかと思う。市内では広く連携する回路がほとんどできていなかった。後になって「ゼロから始めてこんな運動をよくつくれたな」と言われることもあったが、私の皮膚感覚から言えば「ゼロから？　とんでもないマイナス五〇〇メートルからですよ」と思っていた。そんなところから始めた運動が、やがて多くの人たちの共感や参加、助けによってまちぐるみの取り組みに変わっていった。その「成長」の過程が、今現在、孤軍奮闘している仲間たちにとって何らかの参考となればと思い掲載した。

えっ、古〜い！と思う方もおいででしょうが、人間社会のあれやこれやなどというのは、今も昔もあまり変わらないものですよ。

循環の輪を自治体レベルで——生ゴミが集まり堆肥となって田畑を目指す

午前中に長井の町を歩くと、水色の大きなバケツ（コンテナ）を積んだ回収車に出合う。コンテナの中には、市民が家庭で分別した生ゴミがどっさり入っている。

回収車の向かうところは、郊外の「レインボープランコンポストセンター」。最上川のそばの田園地帯の一角、朝日連峰の山なみが一望できる、気持ちの良い場所に建っている。

センターに着くと生ゴミは投入口から第一次醱酵槽に入れられ、畜糞やもみ殻とともに熟成を目指す。場所を移せば、すでに生ゴミが堆肥に変わり、二〜三の小さな山を作っている。そのかたわらで職員は袋詰めを行い、他の場所からは堆肥を満載した農家のトラックが、田畑目指して出ていく。

いよいよレインボープランが動き出した。一九九六年十二月にプランの要である堆肥センターが完成し、翌年二月から生ゴミの収集、堆肥化事業が始まった。初年度は春・夏あわせて四〇人弱の農家が、プランが生み出した堆肥を活用し作物を作った。まだ研究事業の域を出てはいないが、やがて本格的な作付けが始まるだろう。

生命の資源の前の平等

八年がかりでようやくここまでたどりついた。その間に積み重ねた作業は、協議、会議、打ち合わせのたぐいから、モデル事業、アンケート、シンポジウムに至るまで、数え上げたら四〇〇回をゆうに超えるだろう。

事業の本格稼働にあわせて、一九九七年三月、農協、商工会議所、女性団体、行政などの代表者と市民による「レインボープラン推進協議会」が発足した。行政も市民の一員として円卓を囲み、イコールの立場で協議する機関である。〝生命の資源の前の平等〟あるいは〝地域百年の前の平等〟と表現してきたことだが、土や水、緑など、地域の生命の資源が、いつまでも健康であってほしいという願いに性別や職業、世代の違いはない。同じ地域で暮らし、やがてそこで死んでいく同じ生活者であるということを共通項にして円卓を囲む。この協議会が、それからのレインボープランを動かしていった。

「レインボープラン」とは何か

基本的な考え方は前章で述べた。一言で言えば、同じ地域に住む全員が、台所から自分たちの食べもの作りに参加していく暮らしの仕組みと言ってもいい。堆肥の生産者は、まちの市民である。まちがむらの土の健康を守り、むらがまちの台所の健康を守る。皆が農に参加し、自分たちの食べものを作る町、あるいは、皆が土に関わることで持続可能な地域社会を築いていこうということでもある。

「父ちゃん、そんなところにタバコの吸い殻を捨てたら、野菜がタバコ臭くなって帰ってくるじゃないかと息子が言ったんですよ」、と主婦である友人が紹介してくれた。

農業は農民がやるもので、市民（消費者）としてはせいぜいのところ、農繁期に援農に行くだけだという、今までの範疇を超える世界がすでに生まれている。少し大げさに言えば、地域社会全体が「農的な世界」でおおわれ始めたとも言えるだろう。

市民の中から生まれたプランが、やがて行政を巻き込み、長井市を挙げての事業に発展してきた過程を、いくつかのエピソードと共に振り返ってみたい。

この間の道のりは、平坦なものばかりではなく、登っては青息吐息、落ちては泥まみれのほうが多かった。地域づくりの実践がおもしろく、その時々に何を考えてきたかなどという記録はほとんどないが、記憶の断片を探りながら、できるだけ整理をして、私たちが得た「教訓」ごとにまとめて報告できればと思う。

長井市は山形県の南部にある。吾妻・飯豊・朝日の各山系から流れくる河川が一つに合流し、最上川となるが、その誕生の地でもある。人口三万弱、世帯数九、〇〇〇戸の小さな市。東京から出発するとすれば、山形新幹線―山形鉄道・フラワー長井線と乗り継ぎ、およそ三時間で長井の駅前に降り立つ。

長井に来た人々は一様に、「きれいな町だ」と言う。朝日連峰の柔らかい山並みと二、八〇〇ヘクタールの水田が町を包み込むように広がっている。町の中には、アヤメと白ツツジの二つの花の公園があり、むかし、最上川の舟運で栄えた商人の白壁の蔵が、今でもあちこちに点在する、落ち着いた町である。

レインボープランは、そんな町に住む市民の事業として生み出された。その名は、農業と台所、まちとむら、また二〇世紀と二一世紀との間に希望の架け橋を築こうという願いを込めてつけられた。

同時に、赤、橙、黄、緑、青、藍、紫の七色が、それぞれの個性を失うことなく、共同の橋を架けようとする、そんな市民の姿と似ている。

ゴミにもプライバシーはあるか？

立ち上げ当時、長井市九、〇〇〇世帯は、町に四、九〇〇世帯、村に四、一〇〇世帯というように分布していた。生ゴミ収集の対象となる地域は、まちだけでむらではない。むらではそれぞれが、生ゴミを肥やしにする肥塚《こえづか》を持っているからだ。

生ゴミの分別収集はまちを二つの領域に分けていて、家庭からすれば週二回、集める側からいえば週四回となる。排出日までの間、それぞれの家庭では水切りバケツに生ゴミを入れ、なるべく水分を減らしておく。まちには二四〇カ所ほどの収集所があって、収集日の朝、そこに置かれてあるコンテナに投入するというわけだ。

分別はしっかりと行われているが、これも事前の隣組単位で行われたきめ細やかな話し合い、そのうえで行われたコンテナ収集システムの成果だろう。自宅から持ち込んだ水切りバケツの生ゴミを、隣組単位にある収集所のコンテナに入れるこの仕組みは、紙袋収集と違って、互いの出したものを見ることができる。事前の話し合いでは、ゴミにもプライバシーがあるのではないか、とか、前の人のゴミを見てしまうことに抵抗があるのではないかなどの意見が出されたが、当時、クレームはなかった。それらのことよりもこの事業の意義のほうが大きいと評価されているからだ。また、前の人の生ゴミを見ることができるということは、自分の生ゴミもまた、見られているということで、そのことが分別の良さにつながっているとも言える。コミュニティの人間関係と分別の良さ。両者は一見何の関係もないように思えるが、そうではない。コミュニティがしっかりしているからこその分別の良さであって、この仕組みを提案した女性たちの努力が実った形だった。

土着菌が生ゴミを三カ月で堆肥化

生ゴミを集めてまわるのは、行政から委託された業者だ。パワーリフト付きのトラックで次々と収集し、堆肥センターに運ぶ。堆肥センターでは生ゴミとモミガラ、それに酪農家の畜糞などが混ぜられ、第一次醗酵槽に送られる。モミガラは水分調整材で、水分含有率をおよそ六〇%までもっていけば、土着菌の力で自然醗酵を始める。外から買い求めた菌は一切使用しない。私が「山の神様」と呼んでいる、そこらじゅうにいる土着の菌が、三カ月の後、生ゴミを良質な堆肥に変えてくれるのだ。

プラントはE社のものを入れているが、そのまま動かせば良い堆肥ができる、というものではなかった。最初はトラブルの連続だったし、できた堆肥も良質なものではなかった。レインボープランに関わる職員とE社の社員との協議、時には口角泡を飛ばす激論、深夜に及ぶ改修工事などの積み重ねが、少しずつ堆肥の質をいいものに変えてきた。

できた堆肥は農協を通して農家や市民に引き取られていく。価格は一トン二、六二五円（税込）、袋詰めは一〇キロ二二〇円（税込み）である（二〇二一年現在）。形状はサラサラとしていて、とても使いやすい。自分たちが原料を提供してできた堆肥、という自覚があるからだろう、堆肥の売れゆきは農協職員も驚くほどだ。

自分たちが住みたくなる町をデザインする

レインボープランは市民と行政の協同事業である。しかしそれはみんなが努力してそうなったのであって、初めからそのようにスタートできたわけではない。

プランはさまざまな分野の市民の希望や願いを受けて育まれてきた。その原型をつくりだした最初のきっかけは、一九八八年までさかのぼる。「自分たちが住みたくなる町を構想しよう」という市の呼びかけに応えて、九七人の若者たちが集い、「まちづくりデザイン会議」を発足させた。一年の後、協議の内容は分厚い報告書となって市に提出された。

一九九〇年八月、報告書を受け、市ではそれを政策にまで高めてみようとデザイン会議の主な意見者一八人に委員を要請し、「快里《いいまち》デザイン研究所」を発足させた。

私が参加したのはこの研究所からである。他の一七名のメンバーはすべてデザイン会議からの参加者で、途中からというのは私だけだった。その時の私は前に書いているように、「百姓国際交流会」の催しの中で奔走していた。また、それまでの私は、行政からできるだけ離れたところにいたいと考えていた。行政の側も、減反（一九七七年、第二次生産調整）を拒否した農民はあまり相手にしたくないと思っていたに違いない。ま、そういうものだ。それが一転して研究所に参加することになったのは、前にも何度か書いてきたが、このように考えるようになっていたからだ。

「地域農政に対して『批判と反対の運動』にとどまっていたのでは肝心の農業が衰退するばかりだ。現状を変える歯止めにはならない。もちろん『嘆き節』や『ため息』からは何も生まれない。これははっきりしている。今は、農民、農業関係者、それに地域の人々の知恵を動員し、私たちの『対案』を地域政策としてつくりだすことが求められている。今はそんな時代だ」

少し肩に力を入れながら、こんなことを考えていた。

百姓国際交流会の催しが終了して間もない頃だ。自分の中ではまだ全国イベントの高揚感が続いていた。それにしても笑えますね。このときの私は、長井市に帰ればまだ地域政策を提案するには小さ過ぎる足場しかもち合わせていない、一人の若い農民に過ぎなかったのだから。もちろんJA青年部や減農薬米みのり会の仲間たち、この間イベントを通して親しくなった農民たちなど、多くの友人たちができていた。だが、それはまだ政策をめぐって歩調を合わせることのできる自覚的関係になっているかと言えば多くはそこまでの関係ではない。もちろん中には意欲的な仲間もいないわけではなかったが、それはこれからの課題だった。だから「地域政策として対案を」と言ったところで、私にはそんな力量は全くなく、地域を動かすことができる可能性は、はるかに向こうで、まだまだ遠い。そんなとき「快里デザイン研究所」からの呼びかけが届けられたのだから世の中はおもしろい。「えっ、俺に？」。

減反では農林課で大声をあげて抗議したこともあった私になぜ？　その意外な展開に驚かされ、そして、大きなチャンスの到来に感謝した。

そのいきさつは、こうだ。ある日、突然、市役所の職員が我が家を訪ねてきた。「快里デザイン研究所に参加し、長井のまちづくりを一緒に考えてみないか。その結果は市長への政策提案としてまとめたい」。夢のような話だった。

「私は地域農業と地域社会を結ぶ構想を考えている。具体的には生ゴミを活用したまちづくりだけど、そんなことも提案できるのだろうか?」「ここが肝心だが、そこでの話は本当に政策に活かされていく可能性があるのかな?」。

依頼文を持ってきた職員に、矢継ぎ早に尋ねた。職員はデザイン会議の趣旨と経過の話をしたうえで、研究所の発足について次のように補足した。

「今までも、市民からこんなことを言われてきました。私たちは今まで行政にいっぱい提言をしたけれど、それらのほとんどがまちづくりに活かされてこなかったと。だから今回、市長の提案で研究所がつくられるわけです。市民に、自分たちが住みたくなるまちを構想してもらう。すでに、『まちづくりデザイン会議』ではおよそ一〇〇人の市民から意見をいただいています。それらをもとにして、さらに検討を加え、政策にまで高めていただきたいと思っています。良い提言が生まれてくれば、私たちも実現のために頑張ります」

職員の丁寧な答えを聞きながら、長井を舞台に新しい農業への取り組みができるかもしれないとの思いがふくらんできた。同時にフツフツとエネルギーが満ちあふれてくるのを感じた。

私が研究所に加わることができたのは、後で「快里デザイン研究所に菅野君を加えたい」という市長直々の意向があったと聞いた。(五八ページ参照)

多様な意見をもとに

デザイン研究所が始まった。委員は一八人。農民、商店主や会社員、それに経営者に団体職員というように職域もさまざまだ。中には商工会議所の副会頭というように、団体を代表する人もいる。年齢は三〇代から四〇代の人たちでみんな若い。きっと、多様な意見が出るだろう。考えを交わし合い、地域づくりのデザインを組み立てていくには申し分のない人たちだ。ひそかにそう思った。渡されたデザイン会議、九八人の報告書には貴重な意見があった。

「水稲依存度が高過ぎる。畑作でも自立できる農家を」

「地域の自給率の向上をはかるべきだ」

「消費者との継続した話し合いの場を」

これらは、私たちがつくり出す提言の中に活かされていかなければいけない。私がぜひ進めたいと考えていた「生ゴミの堆肥化」とどうこすれあっていくのだろうか。

生ゴミの堆肥化。この構想は前にも触れたように、「地力」を上げようと思っても堆肥が無い、という現状の中からたどりついたものだった。昔から農家には「作物は土でとるもの、土は堆肥でつくるもの」という言葉がある。有機農業であろうが、従来の化学肥料に多くを依存する農業であろうが、土に堆肥を入れなければ作物を持続的に収穫することは不可能だ。堆肥を求めるという点で両者の違いはない。

しかし、伝統的に堆肥の原料を提供していた牛、豚は、大半が海外に行ってしまい、村では極端に少なくなっている。現状のままではいくら環境保全型農業を語ったとしても、それは絵空ごととならざるを得ない。農薬と化学肥料を制限し、環境を保全するに足る土の力を何によって培っていくのか。それへの答えがない限り、広く生産者の取り組む農法にはなり得ない。牛、豚は肉やミルクを得るための経済動物ではあるが、同時にそのきゅう肥（糞尿）は田畑の土を豊かにするものとして、伝統的に活用されてきた土づくりの有機資源だ。それを肉やミルクならば安いほうがいいということで、国は毎年輸入量を増やし、国内の牛、豚を減らしてきた。日本には枝肉やミルク製品となって輸入されてくるが、多くの糞尿は中国、メキシコ、アメリカなどに落とされたままだ。資源として使えない。その方針を国民も反対してはこなかった。しかし、そのことで、日本農業は堆肥の絶対的不足、化学肥料に依存するしかない構造ができあがったと言っていい。その構造をそのままにしておいて農薬だけ削減することはできない。農薬を減らせと消費者団体は農民に向けて合唱する。その気持ちも分からないではないが、物事はそんなに都合よくできていない。それを言うなら農民と共に牛、豚、鶏の海外依存に反対するべきだった。安い肉を、と輸入肉を歓迎していながら、田畑から農薬を削減しろというのは矛盾だが、今さらそれを言っても仕方がない。もし、それをやるなら土作りから取り組まなければならないということだ。それでは何によって土を……。

生ゴミの堆肥化は、そう思い込んだ末に出合った世界だった。「快里デザイン研究所」に集まった多様な意見者たちに、この提案が受け入れられていくのだろうか。もし受け入れられるのならば、構想への確信と何十倍もの勇気を得ることができるだろう。

長井の農業は、新しい「柿の種」を目指す——農業部会が動き出す

長井の農業の方向性を一緒に検討する「農業部会」の仲間は、農家の竹田さんと幼稚園の経営者の木村君、それに私を入れた三人だ。ここでやがて「レインボープラン」となっていく原型が練られ、

市民の事業としての広がりがつくられていく。その意味では「運命的」な出会いだった。

竹田さんは私より一つ上の施設園芸農家で、イチゴとミニトマトの栽培のかたわら、市の青少年育成事業の委員など行政から委嘱されたボランティアを忙しくこなしていた。

木村君は私たちよりずっと若く、いかにもやさしげで、聡明な印象を与える人だ。デザイン会議の報告書の検討から始めた私たちは、月一回という定例会以外にも頻繁に集まり、話し合いを繰り返した。討論の中心は農民である竹田さんと私で、木村君は調整役だったが、農業のことを農民が討論するということで、陥りやすい一面的な結論から私たちを救ってくれるのも、彼の役割だった。

農業のこととはいっても産業としての農業一般ではない。地域の農業をどう凋落から守るのか、あるいは地域と農業の関係をどうするのか、なのである。地域づくりとしての色彩が強い。私は、そのことを基盤としつつ、地域農業と地域の食料計画を一体的に組み立てていきたいと思っていた。そうでなければ市民が地域農業を考えたり、守ったりする意味がない。私たちは、「長井の農業」のこれからを託されてでもいるかのように緊張し、はりきり、協議を重ねていった。構想は三人の中でさらに高められ、豊富化され、やがて私の構想は、私たちの構想になっていった。

一年間の農業部会の検討の成果をまとめ、研究所の人々全員の前で発表することになった私たち三人は、構想の外枠から話し始めた。

長井の田畑は未来の住人の共同の財産

研究所員は全員が市民だが、それぞれの業種が違うため、当然のことながら私たちの報告を評価する視点も多様だ。私たちの構想にとって、この場は最初の「社会」、あるいは「世間」となる。この構想が通用するのか否か、発表を分け合った三人の声は、少しうわずっていたと思う。

我々のプレゼンテーションが始まった。

「長井の田畑は、長井市民みんなにとっての生命の資源であり、共同の財産です。現在生きている人にとってそうであるだけでなく、これから五〇年後、一〇〇年後、この長井に住むであろう人たちにとっても、生命と健康を守る貴重な財産であるということです」

報告は、外枠からだんだんと核心部分に近づいていく。

「新しい柿の種を目指す長井の農業の前提条件は、次の四つとなります。

第一、自然（生態系）と人間との調和を目指す。

第二、人間（生き物）と食べものとの健康な関係の回復。

第三、地域社会と地域農業、市民の台所と地域農業との結合、そして循環。

第四、長井の農作物の個性化と地域ブランドの創造。」

この四点の説明をしたうえで、報告は、核心部分に入っていった。

「一つ目の柱は、農産物の地域循環です。二つ目の柱は、有機質肥料の地域自給です。

市民の台所や、地域から集めた生ゴミを堆肥として農地に返します。それは安全な農作物を生み出す源となります。できた作物はまず長井市民に還元され、市民の健康な食生活の基礎を支えます。市民のいのちと健康に深く関わる長井の農業。そのことによって、長井の農業は、市民共同の財産となります。地域を満たした農作物は、『安心できる長井の農作物』という地域ブランドと共に地域外へと流通されます。

台所の生ゴミと農産物の地域循環、市民と農民の協力関係、地域社会と地域農業の結合。それらによって守られた健康な大地を、次の世代へとつないでいく」

これが、四つの前提条件を活かした長井の農業の構想であるとしたうえで、

「このように組み立てられた長井の農業は、混乱する日本の地域農業の一つの模範となるだろう。それは、一時しのぎの奇をてらったものではなく、地域と環境、人間と食べものの永続的な関係に応える農業として、次世代の市民に歓迎されるものとなるだろう」

私たちは、やがてレインボープランとなる、大雑把だが、でもこの時点では三人のかなりのエネルギーを注ぎ込んでつくりだした構想の説明を終えた。

「夢」への最初の関門を通過

「なんか、夢のような話だねえ」

「いや、でもこれはおもしろいぞ」

「できたら、すごい」

そんなことできっこない、と一蹴されるかもしれない……と、どこかで考えていたのだが、そんな心配は余分なことだった。「どうせ、構想なのだから……」という、投げやりな反応でないことは、次々と寄せられる意見や、質問から明らかだった。

私は、私と並んで、一緒に質問に答えている竹田さんや木村君の顔を見た。二人とも顔を紅潮させている。声が弾んでいる。たぶん私の顔も同じだろう。

他の研究員から、いくつかの指摘を受けたが、私たちの構想は全員の賛同を得て、研究所の提案として採用されることとなった。デザイン会議から引き継いだ成果は、社会的広がりに向けた最初の関門を通過した。

市長交代

提言書を受け取ったのは新しい市長だった。

一九九一年三月、私たちの構想は、他の部会の政策提案とともに『まちに恋して』という小冊子にまとめられ、市長に提出された。しかし、提言書を受け取った市長は、すでに前の市長ではなかった。新しい市長は、前の市長の反対派として選挙をたたかった社会党系の元市会議員だった人だ。すでに新市長は、前市長の進めてきた市政をいったん白紙に戻し、踏襲しないとする意思を表明していた。

提言書は新市長に出され、いったん受け取ってもらえたものの、それが活かされる可能性はゼロに近い。

「残念だが、提言書は、たぶんロッカーに放り込まれるだろう。二度と日の目を見ることはあるまい」

これが提言書作成に関わった人たち大部分の受け止め方だった。

私たち三人は、今まで積み上げてきたものを何とか活かす方法がないものかと幾度か集まり、話し合った。しかし、話は同じところをぐるぐる回るだけで、答えは出なかった。

私たちの構想は、日本の農業とは言わないけれど、年ごとに「力」を失っていく長井の農業を何とかしたいという切羽詰まった状況の中でつくり出されたものだ。いつまでも時間があるわけではない。また、それ自体、私たちの独りよがりな発案によるものではなく、「地域自給率の向上」や「畑作でも自立できる農家を」など、デザイン会議に集まった多くの農民の声を受けてのものだ。また、デザイン研究所では「地元の作物を食べられることが長井の豊かさだ」、「長井の農業と流通、商業を一体として考えられないだろうか」、「まちづくりという点から見てどうだろうか」、「交流人口の拡大ということではどうか」など、商工業者や多様な市民から多くの意見が出され、補われてもきた。そんな提言だ。もし、新市長の下でも現状を打開する有効な策がなければ、私たちの構想が採用される道もあるのかもしれない。八方が閉ざされているかに見えるけれども、どこかに道があるはずだ。でも、どこにあるのだろう。

今から考えれば、市長の交代がなくとも、この提言がそのまま市政に活かされるというのは難しかったかもしれない。市民から出された政策提言が、市役所内の担当課を経て、市長に届けられ、やがて議会を通過し、生きた政策となる。このように大雑把な図を描いてはいたが、議員でもない私たちの提案が、実行に移されていくとしたら、きわめて異例。長井市の歴史からいえば前例が無い道を歩こうとしていたのだから。市長の強い意志がなければ拓かれない道だった。

しかも、私たちの構想は、道路のくぼ地を埋めてほしいとか、夜道が暗いので電灯を一カ所つけてほしいなどというものではなく、長井市農業の生産―流通―消費のシステムを転換し、町中の生ゴミの収集―処理方法に変更を迫る、いってみたら、「地域を変える」性格のものなのだから。この構想を実現するにあたっては、行政の参加は不可欠だが、しかし、そのような「地域を変える」性格のものだからこそ、肝心の行政の参加が難しく、途中で消されていく可能性もまた高かったと言える。

どっかに何かいい知恵がないものかと、竹田さんと私は市役所のゴミ処理担当の職員をお茶に誘った。我々から一通り構想と経過を聞いた後、その職員は話し出した。

「いい話ですが、いくら美辞麗句を並べて説明しても実現の可能性はないと思いますよ。それより担当課でゴミの減量対策を考えているので、その仕事を手伝ってもらえませんか」

竹田さんは少し大きな声で応えた。

「何を言っている。この場にそんな話を出すな。断わる」

知恵を求めるには、相手を選ばなければならないという当たり前の教訓が残っただけの気分が落ち込むひとときだった。

行政は予算で動く

このまま消されたくはない。ワラにもすがる思いで私は、市役所の企画課に、前市長の時、デザイン研究所で事務局を担当していた職員を訪ねた。そこで大きな助言をもらう。

「額は少なくともいいんです。何とか予算をつけてもらうことです。行政というところは予算で動くところですから、調査事業費として予算書に項目をあげてもらえれば、大きな一歩を踏み出すことになるのです。行政がこの構想を前向きに認知したことになるのですから」

「そうか。そんな仕組みなのか。今まではただ取り上げてもらいたいと思うだけで、適切な方法を考えずに、周辺で騒いでいただけだったというわけか」

よしんば項目にあげてもらったからといっても、単年度でボツということもありうるわけで、事業化への道がついたというわけではない。しかし、調査事業費がつくということは、調査活動とその後、市長に答申書を提出する権利を得るということでもあるのだ。そうなれば道がつながっていく。当面、越えるべきハードルがはっきりした。まだ何も始まっていないのだが、目標が見えたことで、元気が急速に回復してくるのを感じた。しかし、すべてはこれからだ。「地域を変える」私たち、市民サイドから出された構想に、予算を獲得すること自体、至難の技だ。行政にはさまざまな制約がある。運営上のルールがある。それを無視して、やみくもに要請しても行政は動けない。そのことは遅ればせながら理解できた。それではどうするか。どうすれば行政の予算と起案への参加を獲得することができるのか。

後日、私に助言をくれた企画課の職員は、「助言を求めて来た菅野さんをたらいまわしにしてしまった」と自分を責めていたという。

そんなことはない。適切な助言だったと思う。彼の立場から言えばあれが精いっぱいだったし、私にしてもあれで十分だった。今でも感謝している。

少なくてもいいから予算をつけてもらうこと。構想を長井市の事業とするまでの長い道のりの第一段階は、これだ。でも、どこから手をつけていけばいいのか。市長に直にあたってみるのもアリかなあ、とも考えていた。私は新市長と全く面識がないわけではなかった。社会党の市会議員であった市長とは、よく農業関係のシンポジウムで顔を合わせることもあった。大枠で言えば、同じ革新的な範疇に入るものとしての、仲間意識もなかったわけではない。だが、面識があることと予算をつけてもらうこととは、全く別のことだ。それぐらいの常識は私にもある。さて、どうしたものか。

一人の職員の顔が浮かんだ。そうだ、彼がいた。生ゴミを扱う担当課に彼がいる。飯沢実。ヒマラヤにも登頂経験がある地元山岳会のリーダー。自然環境破壊への危機感が人一倍強く、市の職員でありながら朝日連峰の大規模林道建設に反対する市民団体「葉山の自然を守る会」の代表者も務めていた。仕事のうえでは生活環境課の中堅職員としてゴミ問題に奮闘してもいた（彼はやがて、レインボープラン推進室の課長補佐として活躍する）。当時はまだ親しく話し込んだことはなかったがどんな人物かは知っていた。彼と会ってみよう。「知恵を求めるには、相手を選ばなければならない」ということはすでに学んでいる。彼なら大丈夫だ。

夕方ではあったが、閉庁までまだ一時間ほどある頃だったと思う。そのときはまだ企画課で話し込んでいた私は生活環境課に急いだ。彼はいた。一通り私の話を聞いた彼は、

「どうせ、予算をつける話だから一緒に市長のところへ行こう。そのほうが早い」

と答え、すぐに受話器を取った。行動が素早い。その飯沢君は当時を振り返って次のように話す。

「あなたたち市民が動き出そうとしていた頃、私たちはゴミの減量化に取り組んでいた。最終処分場の余地がなく、生ゴミ堆肥化の先進地である長野県臼田町の方式も検討課題となっていた。そこに話が来た。市民の側の動きを大切にしたいと思った。生活環境課はそういう課だから。そして急がなければとも思った。その日は補正予算で対応できるギリギリの日で、時間が無かったからな」

市長と向き合う

私と飯沢君は市長室に入っていった。テーブルを挟んで市長と向き合う。ここでダメならアウトだ。切羽詰まっていて必死だったはずだが、自分でも意外なくらい冷静だったことを覚えている。もっとも、こんな決定的な場で冷静さを欠き、感情的になっていたのでは話にならないが。

私はまずデザイン会議からの経過を述べ、さらに次のことをつけ加えた。

「農業関係の指導者から、挨拶のたびごとに『厳しい』という言葉が出るようになってずいぶんになります。対案をもたない単なる『厳しさ』の強調は、農民のやる気をそぎ落とします。私たちは自前の対案を育てるべきだと思います。難局にはその対案をもってのぞむことが求められています。この地域に責任をもたなければならないのは私たち自身です。荒れようとしている田園を最も真剣に守ることができるのは、そこで暮らしている私たち自身です。そのように考えた農民や市民によってこの構想が育まれてきました」

次に私は構想の全体像を説明し、そのうえで「地域社会が、地域農業を守る最後の砦です。また、地域社会の市民の暮らしも農業とつながることによって支えられていく。総じてこれは私たちの長井市に豊かな『田舎』を取り戻すプランでもあります」と話し、最後に「これが長井市で実現可能か否かをめぐって、行政職員も含め、もっと広い立場の人々の中で検討したいのですが、いくばくかの予算をつけていただきたい」と要請した。

飯沢君はゴミ担当の職員としての立場から、ゴミ減量の緊急さと、このプランのもっているゴミのマイナスをプラスに変えていくユニークな側面などを強調してくれて私の不足を補ってくれた。市長は二人の話が終わるまで黙って聞いていた。そして、「話は十分分かった。で、その調査活動のためにはどのくらいの予算が必要なのか」と尋ねた。

「エッ、イケルノカ？　マサカ、コンナニスンナリト……」私は金額については全く考えていなかった。

「少額でも、つけていただけるならいくらでも……」と間の抜けた返事しかできないでいると、飯沢君が助けを出してくれた。

「協議するだけでなく、堆肥化の先進地に実際に出かけてみる必要があるので、五〇万円ぐらいはかかると思います」

「分かった。何とか補正予算で対応しよう」

イ・ケ・タ・ノ・ダ。その意外さに驚き、かつ大いに戸惑った。

その後、何の話をしたのか、さっぱり記憶にない。そのときの私は、うれしさよりも、安堵感のほうが勝っていたように思う。道がようやくつながった。

「菅野さん、市長がすんなり了解したのは公約の力だよ。先の市長選挙で〝地域の環境を守る〟ということを二番目の公約に掲げていたし、有機農業を推進するとも言っていたからね。それとやっぱり、ゴミ問題だべねぇ」。生活環境課に帰り、飯沢君とお茶を飲みながら感想を述べ合った。市長のポリシーはもちろんある。でも、市民の立場に立って、教訓を引き出すとすれば次の二つだろう。

第一にくるのは、「やる気のある職員とつながること」だ。飯沢君や助言してくれた企画課の職員は「やる気」という点では人後に落ちない職員であり、そこに話をもっていったことが第一の要因だと思う。彼らの助言と行動力がなければ途中で道を見失っていただろう。教訓の第二は、「市民のやる気」だろう。決してあきらめずに、ねばり強く可能性を追求していく姿勢がなければ、当然のことながら道は拓けなかった。人の熱意が扉を拓き、人の熱意が道をつくり、人の熱意が希望を引き寄せる。当然なことだが、大事なことだ。事業の中心にいる人間が、他の誰よりも熱くならなければ求心力はもてないし、人の共感を得ることはできない。及び腰では道は拓けないということだ。隘路を抜けて、また隘路に。やっぱり隘路ではあるが、道はつながっていく。

つながったとはいっても、単年度だけの補助でしかない。それをその先につなげるのはこれからの取り組み次第だ。さっそく仲間たちに報告しよう。私は、あちこちの電気が消され、少し薄暗くなってきた市役所をあとにした。

仲間内を超えたネットワークをつくる

(1) 行政が動きやすい環境をつくる

一般的に言って、外から提案された政策に、行政が前向きに動く（動ける）とすれば、その構想の下に多数派が形成されていることが条件になる。単に、良い提案であるか否かでは行政は動けない。もちろんそれは必要なことで、それが無ければ話にならないが、構想のもとに多数派が形成されているという条件があって初めて行政もその方向に舵を切りやすくなる。

「役所はなかなか動いてくれない」という市民の声を聞くことがあるが、市民において多数派を形成する努力をせずに、その意義のすばらしさだけをいくら説明しても、行政は動けないということだ。

だから、この場合も、予算がついているとはいえ、この先を考えるならばこの事業を推進しようとする市民や団体の広がりをつく作り出すこと。これがその後の展開の成否を分けるカギとなる。

まず私たち三人は、「プロジェクトの趣旨」という、全体の構想をコンパクトにまとめた文章を作成した。そのうえで三人は、団体、個人の参加を求めて、市民の中に大きく踏み出していく。

(2) ネットワークへの三つの基準

私はまず、商工会議所に出かけ、会頭の門をたたいた。まだ一度も面識はなかった。当然のことながら会頭も私を知らなかったと思う。会頭は竹田廣次氏。一、〇〇〇人規模の弱電企業のオーナー社長でもある。小さな市の会頭でありながら、通産省の審議会の委員を務めてもいて、また、「日本EC研究所」の本部を長井市に設置し、そこから積極的にEC（今のEU）に働きかけ、長井を「小さな世界都市」に押し上げたいという大きな構想をもつ、山形県の中でも特に抜きん出た方だった。いただいた約束の時間は一五分。まず私から訪問の趣旨と、生ゴミ堆肥化のプランを説明した後、こんなことを述べたことを覚えている。

「一般に都会に近づくことが田舎の出世であるとする風潮があります。その文脈では、いつまでたっても『地方』はそのコンプレックスから抜け出ることはできません。言うまでもなく、田舎はそれ自体で横綱です。都会を目指す必要はありません。私たちの構想は、農業がすぐそこにあるという長井市の特性を活かし、堂々たる循環型社会を築こうというものです。言ってみたら田舎の横綱、堂々たる田舎を目指そうという構想です」

このように述べて、ネットワークの支援を求めた。そこで受けた助言が、後に大きな力となる。

「あなたがたがつくろうとするネットワークには、次の三つの基準が必要だ。

一．自分たちの持っていない智恵を持っている人。

二．自分たちの持っていない技術を持っている人。

三．自分たちの持っていない情熱を持っている人。

これらの基準に基づいて人々の参加を求めることが大事だ」

ダイナミズムを生み出すために

その通りであった。大切なのは人々の台所と農業をどうつなぐかであって、仲良しグループをつくることではない。その目的からいって対象となる人が、たとえば○○党員であろうが、△△党であろうが政治的立場とも関係がない。会社の社長は食事をしないということも、勤め人の家庭からは生ゴミは出ないということもない。

経済的、社会的、政治的立場を超えたそのような広がりの中で形成されるネットワークこそが、地域を変え、新しい事業を育てていくダイナミズムを生み出すということだ。このダイナミズムが生まれたとき、行政は動きやすくなる。動かざるを得なくなる。

さらに言えば、地域を変えるという場合、この三つの基準以外は全く余分なことだということでもある。余分なモノサシで人を排除しないこと。かつ、集まってもらいやすい人だけを集めてネットワークを小さくつくらないこと。間口を狭くしないこと。竹田会頭が言われたことはこういうことだ。

私たちはこの助言に基づいて、新しい団体や人々を参加リストに加えていった。もしこの助言がなかったら、私たちが形成しようとしたネットワークも、集まってもらいやすい人や団体の枠組みから大きく出ることはなかったかもしれない。この助言によって、結論から先に言えば、私たちは地域社会の卓越した見識の持ち主と出会うことができたと思う。それを実現できたことが、その後のプランの成長にとって、大きな力となったのである。

「『就域』という言葉をご存じだろうか?」。竹田会頭はさらに私に問いかけた。「いいえ、初めて伺う言葉です。就職や就学は知っていますが」「そうだろうな。それは私の造語だから」。そこから続く竹田さんの話がとても印象的だった。

「地域に就く。就域。たとえば長井で働きたい、暮らしたいと思い、ハローワークに行き、ガソリンスタンドに職を得たとする。この場合、統計的にはサービス業に一人追加となる。彼は就職したのだが、よく考えれば、その就職の前に長井に住みたいという『就域』があった。長井を選び取って地域に就くのと、嫌々地域に残るのとでは明日の地域にとって大きな違いができる。選び取って長井に就いた人が多ければ多いほど、たとえ今がどん底でも、必ずそこから抜け出ることができるだろう。もし、その逆ならば、今がいかに順調でも、地域は必ず落ち込んでいくに違いない。商工会議所の仕事はこの『就域』を厚くすることだ。選び取って長井に就く人を一人でも多くすることだ。皆さんの計画はそれにつながる。一見、商工会議所と皆さんの構想とは関係がないと思うかもしれないが、『就域』を厚くするという視点で考えれば、商工会議所の役割のど真ん中に位置づく。あなた方の事業の委員として、商工会議所事務局長と青年部長、婦人部長、それにきっと財政的な視点も必要だろうから、私の会社の経理部長を送ります」

すでにこの竹田会頭の下で働く副会頭の須藤さんは研究所の仲間としてこの事業への支持を各界に働きかけてくれていた。感動した。竹田会頭から大きな力をいただいた。

最近、私は会頭に当時から不思議に思っていたことについて尋ねてみた。

「面識が無く、海のものとも山のものとも分からない私たちの要望を、二つ返事で引き受けていただき、助言のみならず商工会議所幹部まで派遣していただきました。それはどうしてなのでしょう？」

返事はきわめて簡単だった。「感応したのだよ。私が君の考え方に共鳴するものをもっていたからだ」。

女性団体の賛同を得る

商工会議所会頭から示唆を受け、「ネットワークづくり三つの基準」に基づく市民への働きかけが始まった。最初に要請に伺おうと考えたのは女性団体だ。私たちの構想が社会的広がりをもち、市民の事業として成長していけるか否かは、ひとえに女性団体の参加にかかっていると考えた。それにはこんな背景があった。

経済効率一辺倒の社会がつくりだした歪みやほころびを、「いのち」と「子どもたちの未来」という観点で一生懸命つくろってきたのは、女性たちを中心とする取り組みであった。

バブルに至る経済主義の勃興と破綻。より深刻さを増した環境問題。ここ数十年の日本の経過を、人々の暮らしにとって何が大切であり、何が必要な発展であり進歩だったのか、という視点から振り返ってみればよりはっきりする。誰もが「いのちの資源」を守ろうとした女性たちの働き、その功績の大きさに圧倒されるだろう。自然環境を守る取り組みの中心には常に女性たちがいた。反原発の闘いもしかり。遺伝子組み換えに対する反対運動や食の安全を守る運動もしかりだ。そもそも日本に生協をつくり、根付かせてきた取り組みだって女性たちの成果と言っていい。それらの中心には常に女性たちがいた。

私たちの構想は、まさにその「いのちの資源」に関することである。「私たちの持ってない力」を持つ人たちとは、まずもって地域の女性たちだった。その女性たちに、受け入れてもらえなければこの構想はうまくいくわけがない。

「土」の話から始めた

長井市には、当時、連合婦人会、中央地区女性の会、消費生活者の会などの三つの大きな女性団体があった。まず連合婦人会・会長に連絡を取った。構想は多くの市民に受け入れられ、共有されなければならない事業だ。正面から堂々と相談に伺う。それ以外の方法はあるわけがない。多少緊張してご自宅に伺ったことを覚えている。その時の会長は高校の同級生の母親で、面識があったことが空気を和ませてくれた。もちろん、そんなことで決まる話ではない。一通り趣旨をお伝えすると、会長は、「それでは菅野さん、もう少ししたら総会が開かれます。各地区からの代表者が集まりますよ。そこでお話しされたらいかがですか？　役員会で了解を取り、そのように準備しておきますから」と話された。

連合婦人会の総会で講演するよう要請を受ける。願ってもないことだ。いただいた演題は「土の詩」。この演題もいい。その日、参加者はおよそ五〇人、長井の各地から集まった女性リーダーたちだった。

「すべての生き物たちは、土に依存して生きています。土はいのちの源です。衰弱した土に作物が植えられたとします。そこからはひ弱な作物しか育ちません。たとえ化学肥料で見かけ上の形が整えられたとしても、生命力の弱さ、衰弱している実態は変わりません。

もし、汚れた土の上に種がまかれたとします。そこから育つ作物も汚れています。健康で汚染されていない作物を食べようとすれば、土から始めなければなりません。食の安全を願うならば土から。健康を願うならば土から。未来の安心も土から。土はいのちの源です。

でも、私たちは土との付き合い方を間違えてきました。土がたくさんあることが遅れた地域。土が削られて、コンクリートで蓋をされることが『地域の発展』、『地域の活性化』としてきました。土を正しく捉えることができませんでした。いのちへの理解、循環の世界への理解が足りなかったと思います。今一度、いのちの世界から土と食を捉え返さなければなりません。土の健康を守り、そのうえで作られる健康な作物を子どもたちに、病人に、台所に。それができる地域こそ、『田舎の横綱』にふさわしい地域だと思います」

続いて私は構想の説明に移った。

「生ゴミで土を肥やし、それを使ってできた作物は、長井の中で最も健康な作物です。それを学校給食として次代の子どもたちに。入院食として病気の人たちに。そして一般家庭の台所に。消費者は堆肥の生産者として土の健康を支え、農民は作物の生産者として地域の台所の健康を支える。互いに協力し合いながら、土と暮らしの落ち着いた関係を取り戻すのです」

話はあっちこっちに脱線しながらも、最後に要請することだけは忘れなかった。

「この構想が長井市で実現できるか否かを検討するうえで、台所からの発想と意見は貴重です。委員として、ぜひとも力を貸していただきたい。検討する期間は一年間、ほぼ一二回の検討委員会を開きます」

出所の分からない作物への不安

一通り話し終えた私は、女性たちの反応を待った。一斉に手が上がった。次々と意見と質問が出された。

いくつかの質問に答え、最後に再び呼びかけた。

「私たちは、食生活の基本となる食べものを自給できるところまでもっていきたい。それも、しっかりとした健康な土から生まれた作物で。農業と台所が手をつなぎ、協力し合うことでそれが可能です」

この私の話を受け、会長がマイクを取った。

「みなさん。講演の中で、市民の中から生まれた構想の紹介と、私たちへの参加の要請がありました。私はすばらしいことだと思います。私たちの中からも代表者を送りたいと思うのですが、いかがでしょうか?」

全員の人たちが拍手をしてくれている。私は椅子から立ち上がり、会場の人たちに深々と頭を下げた。歓声を上げて、一人、一人を抱きしめてまわりたい気持ちだった。

それから一カ月半後の六月、連合婦人会の会長の紹介で、消費生活者の会の総会、それに続いて中央地区女性の会の総会にも招かれ、私は同じように訴え、賛同を得ることができた。女性たちの力強いネットワークに背中を押されている。

決定的だった女性の力

やがて私たちは三つの女性団体のすべてから賛同を得ることができた。その後に開催されたプランの検討委員会において、彼女たちは、理念的に傾斜しがちな議論を、一貫して現実的で安定感のあるものに引き戻してくれた。他方で、地域のリーダーとして、生ゴミの分別や地域農業とまちの台所を結びつけることとの意義について、学習会や、講演会を幾度も開催してくれた。子どもたちのために「レインボーちゃんの冒険」という紙芝居をつくり、保育園や小学校に上演に行く。さらには自分たちの事業としても生ゴミ堆肥化の先進地に施設見学に行く……。それらの積み重ねによって、地域の雰囲気がどんどん変わり、市民の参加意識を急速にふくらませることに貢献した。

今、振り返って改めて思うのだが、プランがここまで進展できたのは、女性たちの力があったからこそであって、彼女らの参加と情熱的な取り組みがなければ、私たちの構想はこんなにうまくは進まなかっただろう。

女性といっても、六〇代、七〇代の女性たちだ。若い女性はどちらかというと暮らしと子育てでへとへとになっており、地域の取り組みにはなかなか参加しにくいという事情があった。すでにリタイアされた女性たち、この方々は本当に地域の宝だと今さらながら思う。

さて、話は戻る。商工会議所のあと、三つの女性団体からの賛同を得て、私たちのネットワークづくりは少しずつ勢いを増していった。

私たちが次に訪ねたのは、長井市立総合病院の内科部長だった。内科、外科など一七の科に分かれ、ベッド数四八三床を持つ、西置賜地方の中核病院である。

「たしかに、食生活に問題があると思える病気は増えているよ。まあ、君たちに協力することも、地域医療に携わる医師の仕事のうちだろうなぁ」

私たちのネットワークはまた少し厚みを増した。

清掃事業所へは、生活環境課の飯沢君に頼んだ。事業所のプラントは、かなり老朽化しているし、すでにゴミが増えて、アップアップの状態だと聞いていた。ゴミをどう減らすか。おそらく内部ではさまざまな議論が繰り返されているはずだ。

だいたい水分が九〇％を占める生ゴミに油をかけて燃やすなどということは、誰が考えても無理がある。それを平然とやっているのが現代だ。このことはきっと何十年か後、市民の恰好の笑い話となるに違いない。本来、生ゴミはどう処理すべきか。事業所にはその道理の分かったまともな職員がいるはずだ。そんな職員の参加をという私たちのネライを分かっているのが飯沢君だった。彼は古くからの関係を活用し、期待通りの技術系職員の承諾を得てきた。

他方で、私たちは私たちの持っていない「智恵」や「技術」「情熱」を持つ個人への要請も進めていった。

五月から六月にかけての一カ月ばかりの間に、必要な陣容は着々と整えられていった。長井商工会議所、長井市連合婦人会、長井市消費生活者の会、中央地区女性の会、一市二町の行政組合である長井清掃事業所、それに、ここでは紹介できなかったが、若手の農民グループである長井農研、プランを生み出した快里《いいまち》デザイン研究所、そして長井市立病院の内科部長と、智恵あり、技術あり、情熱ありの市民有志たち。ここに行政関係者と農協が加わればそれで十分だ。

市民と行政の共同プラン

先に触れたように、行政が前向きに動けるとすれば、そこに多数派が形成されていることが必要だ。その「多数派」を市民において率先して形成することで、行政が動かざるを得ない環境をつくっていく。行政への要請はその後のことだ。それが私たちの戦略だった。よく、「行政が動かない」との話を聞くことがあるが、先にも触れたように、いかにすばらしい意見だとしても限られた個人の意見で動ける組織ではない。行政を動かすうえでの市民の幅広いネットワーク。このネットワークづくりのために東奔西走してきたわけだが、これはすでにできた。あとは必要に応じて補っていけばいい。これだけの基礎ができれば、他の分野に呼びかけていくのはそう難しいことではあるまい。

そう判断した私たちは、満を持して、担当行政・生活環境課長を訪ねていった。

課長は当時を振り返って「このようなことは、今までになかったことだ」と話す。その話はおもしろかった。かいつまんで説明すればこうだ。従来よくある協議会は、すでに行政に到達目的があって、行政から委嘱された市民委員は行政が何を考えているかを読んで、その思惑通りに進めていく。それを行政が事務局という立場から拝聴している、といういわゆる出来レースの構図だ。すべてが行政の考えたペースで進められていく。でも今回は違う。これから始めようとするものは、今までとは逆の構図だ。市民の側に到達目的がはっきりとあり、行政の側にはない。ペースはあらかじめ市民の側が握っている。まさに「今までになかったこと」なのだ。

「どんな人たちが委員を承諾したのか？」と課長は私たちに聞いた。私たちは答える。

「はい、この方々です」「えっ！　こんな方々が……。よく承諾してくれたなぁ」「はい、これから一年間検討を重ねていきますが、行政の側に蓄えられている知識と情報が不可欠です。また責任ある協議を行うためには、幹部職員の委員としての参加が不可欠です。お願いします」。

課長は少し難しそうな顔をしながらも、「うん、それはいいよ」と答えてくれた。

課長に、もう一度、当時を思い起こしてもらう。市長がプランの検討委員会の設立に肯定的であったとしても、当該課の事務方責任者として簡単にやり過ごすこともできたはずだ。それをそうせずに、私たちの提案を正面から引き受け、大きな力を注ぎ続けてくれたのはどうしてか？

「予算をくれ、あとは私たちがやるからというような熱意を感じていた。この市民の側の熱意が決め手だった。そのうえ、君たちは大きな組織をつくってきた。これは大きな事業に育っていくなと判断した」

課長はまた、ゴミ・環境行政の立場から、市民の側の積極的な動きを無駄にはできないと思ったとも話している。

委員として要請したもう一つの課、当時の農林課長は次のように話す。

「以前から畜産農家より堆肥センターを建ててほしいという強い要請があった。でも彼らは市民の中では少数派だ。庁内でプロジェクトチームをつくっても実現に至らなかった。そこに君たちの大きな動きがあった。まず市民の動きがあり、市役所がそれを応援する形をとれることによって、大きく動けるようになった」

生活環境課と農林課より、それぞれ課長と係長が委員として参加することとなった。行政の側にも、市民の動きを活用して打開したい課題があった。その意味ではタイミングが良かったとも言えるだろう。でもやっぱり決め手となったのは、市民の側から「大きな組織」をつくり、「動き」をつくってきたことによって、行政が動きやすくなったということだろう。「地域をつくり変える」性質のプランだけに（この時点で、行政がどこまで了解していたかは分からないが）、少数者で行政に「お願い」に行く道を選ばなかった私たちの選んだ道が正しかったのだと思える。行政に「お願い」ではなく、市民と行政が「共に」歩む組織と、動きをつくろうとしてきた私たちの考えが通った。

行政の参加を得たあとで、最後に農協に出向き、承諾を得た。農協をあと回しにしたのは、広域合併問題に揺れていた最中であったということと、そもそも、一番動きにくい組織であるという認識があったからだ。良し悪しの問題でなく、その組織性格からいって決してフットワークが軽いとは言えない。だが、砕氷船のように率先して先頭を走ることはできないが、いったん航路が拓かれれば、そのあとに合流することはできる。そしてその合流は特に農民にとって、とても力強い。

これでいける。市民と行政が共同でプランを練り上げる。その結論としての答申書は、簡単に「はい、ご苦労さん」と片づけてしまえない重みを持つことになるだろう。まだまだ「実現へ向けてのプロジェクト」と言えるまでには至っているわけではなく、全く出口が見えないことには変わりはない。でも、予算がついた単年度だけの事業という心細い状況から、何とか抜け出せる可能性が見えてきた。

行政を含む、地域社会の中枢的機関、団体、それに機動力のある市民、発言力のある市民、総勢二一人の参加を得て、「台所と農業をつなぐながい計画」（通称「レインボープラン」）調査委員会が発足したのは、一九九一年七月一日のことだった。私がその委員長になった。

堆肥センターの建設――二転、三転したゴミ収集システム

レインボープラン調査委員会が発足して一年の後、プランが私たちの市で実現可能か否かを委員会で調査・検討した経過と結論が「答申書」にまとめられた。答えは「推進すべし」であった。

市長はその答申を受けて、一九九二年十一月、農林課に「レインボープラン係」を設け、一人の専任職員をおいた。行政はより明確にプランを推進する立場に立った。

もちろん、堆肥センターが建つまではまだまだ障害が多い。長井市の予算規模にとって堆肥センターの建設費は大きな出費となる。議会の承認も受けなければならないし、何よりも市民の理解を得なければならない。それでも行政の側から提案する事業としてレインボープランが位置づけられたことは大きい。実現への大きな一歩を踏み出したと言える。

答申書を提出してその役割を終えた調査委員会は、メンバーをほとんど変えずに名称を「レインボープラン推進委員会」（委員長・菅野芳秀／事務局長・竹田義一　総勢二四人）と改めた。

以来、一九九七年三月の本格稼働までの四年半の間、生ゴミの収集システムを考える部会、施設の

建設を考える部会、堆肥の活用と農産物の生産を考える部会、産み出された作物の流通の仕組みを考える部会の四つに分かれて作業を行ってきたが、どの部会でもあっちにぶつかり、こっちにぶつかりのシグザグの連続であった。

きちんと生ゴミが分別されている三つの理由

稼働当初から、毎月一〇〇トンの生ゴミが市民の台所から集められ、モミガラやきゅう肥と混ぜられて堆肥となっていった。収集率はほぼ一〇〇%だった。

農家の堆肥への評価は高い。農協の店頭では品切れ状態が続いていて、その不満が市役所のレインボープラン推進室に寄せられるほどだった。堆肥原料としてセンターに集められてくる生ゴミに混入している異物は、現場の作業員が驚くほどに少ない。「堆肥となるもの、ならないもの」と、市民が毎日せっせと行う台所での分別作業、それに対する信頼が堆肥の人気を支えている。なぜ、こんなにきちんと分別できるのかとよく視察者に尋ねられる。そんなとき、私たちはだいたい次の三点を答えるようにしている。

（1）この事業は行政から押しつけられたものではなく、市民が「下から」立ち上げたものであること

（2）生ゴミの分別は単に減量のためなのではなく、自分（たち）の食べ物づくりへの参加であること

（3）プランの施行以前から長井市民は、生活系廃棄物を一〇種類に分別、処理していて、仕分けが

収集所にあるコンテナに家庭から出た生ゴミを入れる

日常的な習慣となっていたこと。そのうえに、加わった生ゴミの分別であること

　このように書けば、いかにもスムーズに行われてきたように見えるが、内実は決してそうではなかった。生ゴミの収集システムをめぐる経緯もそうだった。

生ゴミの収集システムは紙袋か、ビニール袋か

　生ゴミの収集システムをどうするか、生ごみは紙袋で集めるのか、ビニール袋にするか。必要な視点は「分別と継続」。分別が良くなければ堆肥にはならず、また、どんなに分別が良くても、長続きしなければ意味がない。取り組みの中から「人は分別（ふんべつ）、ゴミは分別（ぶんべつ）」などという言葉も生まれたが、この二つを同時に満たすシステムづくりが課題であった。そしてこのことはプランの核心部分でもあり、同時に市民が毎日行う作業であるだけに、単に「理念としてこうありたい」では片付け

られない判断が求められるところでもあった。紙袋も、ビニール袋もそれぞれに長所と短所があり、数回の実験事業を間にはさみながら、結論が出ないままこの議論は数カ月続いた。

「これだけ、ビニール製品が出回っているのだから、きれいごとを言っても始まらない。堆肥化の過程で取ることができるとすれば、ここはビニール袋でいくべきだ」

「いや、買い物袋持参運動を呼びかけながら、他方でゴミにビニール袋の使用を、というのでは筋が通らない」

「現時点でのベストを選ぶべきで、理想論はいらない」

「現状への批判が出発だ。ビニールなら、多くの市民がガッカリするだろう」

いったん、部会の結論は、紙袋収集に落ち着いたのだが、紙袋を主張した側にも、紙袋という品質が持つ不透明性が、分別の悪さにつながらないかという危惧が残っていた。

そんなとき、岩手県盛岡市紫波地区を視察し、新しい生ゴミ収集と出会う。そこでは、紙袋収集を長く続けたのだが、多くの不都合があり、その反省のうえにコンテナバケツ回収方法を取り入れたのだという。台所で水切りバケツに生ゴミを入れ、収集所にあるコンテナに入れる方式だ。カラスの害のひどさがコンテナ方式に変えるきっかけとなったとの説明だった。

これなら破れて汚水が広がるようなことはない。また、お互い何を捨てたかを知ることができるため、おのずと分別も良くなるだろう。

農家が堆肥塚に生ゴミを捨てるのと同じ方式だから、市民にとっての負荷も少ないだろう。そう感じた市民委員（ほとんどが女性委員）は自分たちの主張でいったんは決まった紙袋方式をもう一度、自らひっくり返し、バケツーコンテナ方式をめぐって検討をやり直すよう要求した。部会は再び混乱した。

「すでに決まったことだ。あなた方がAと言うから、私のBを引っ込めたのに、今度はCと言う。これでは子どもの討論で、責任ある部会運営ができない」

「いいものを発見して改めることは悪いことではない。まだ机上の段階なのだから、柔軟に考えていいはずだ」

部会での議論はまた平行線をたどり、結論は総会の場に託された。総会では双方の主張を聞いたうえで、女性団体委員の提案を採用することになったのだが、その結果、部会長は、委員を辞任する意向を申し出て、委員会から離れていった。

妥協なしの協議が続く

小さな地域社会でのできごとだけに、辞めた側にも、残った側にも傷が残った。しかしこれも良いシステムをつくりだそうとする同じ目的の中での「向こう傷」。女性委員たちは良いものをつくろうとする点で妥協しなかった。「行政がこう言うから……」とか「部会長の顔を立てて……」などという、地域社会特有のナアナアの対し方の入り込む余地は全くなかった。辞めていった部会長(市民委員)も含めて、市民委員一人ひとりが、自分たちに託されている責任を果たそうと必死だったのだ。誰もが必死だったからこそコブが残るような衝突も避けられなかった。自分たちが選び取っていく一つひとつのことが今の市民生活や次代の環境に、そのまま影響を与えていく。そんな張り詰めた気持ちをもっての協議だった。

このように、あっちこっちにコブをつくりながらも、自分たちの役割への自覚を高め、少しずつプランを組み上げていった。さまざまな山を幾度か乗り越え、そうしてできた「分別の良さ」だった。

農業部会でも議論が続く

当時、生ゴミを分別する町の人々にとって、周囲に広がる農地は、単なる風景以上のものではなく、農家は生産者ではなく店に買いに来る単なる消費者以上のものではなかった。

「地域内生産、地域内消費」は、作物と人間の関係にとって理想的な形だ。私たちのところはそれができる環境に十分に恵まれている。しかし、地域社会と地域農業とは背中合わせになっていて、通い合う関係ではない。農家の立場からすれば、足もとの消費市場が流通産業によって奪われているということでもある。

しかし問題は経済のことだけでなく、町の人々の健康という点でも深刻だ。生命と健康を育む食生活の大半を流通産業に預けてしまっている。これが低い地域自給率の意味だ。

私たちは地域農業と地域社会を結びつけようとした。そのことによって農家は、地元の市場を得るだろう。他方で地域社会の食生活は、地元の農家によって救われていくだろう。

さて、農家の参加がなくては循環の輪は回らない。生ゴミが収集され、堆肥となるまでは人々の協力とシステムの問題だが、それを農家が活用して作物を作り、市内に流通していくのは単なる協力や、システムの問題ではない。農家の自由な意志に基づいて選び取られる「選択の問題」だ。その農家にレンボープランを選択して参加してもらうこと、つまり生ゴミの堆肥を使って農作物を作り、できた農作物を地場流通させること、これは農家が自由な意思に基づいて決めることだ。そして、これがなければ循環の輪は回らない。

では、農家がレインボープランを選ぶための条件とは何か。私はそれを「やりがい」と「誇り」であると考えていた。それに「利益」だ。レインボープランに参加した農家が作った農作物は、市内の店頭に並ぶときには、作り手の住所と氏名がつくことになる。狭い地域社会のこと、必ず「おいしかったよ」という台所からの声が届けられるだろう。それらは作り手の「誇り」を大きく育てるはずだ。「誇り」は十分ついてくる。我々が考えなければならないのは何よりも「利益」だ。ここでも「理と利」の調和。農家がプランに参加することで、利益を得ることができること、これが最大の課題だ。ここにレインボープランの成否のカギがあるといっても過言ではなかった。レインボープランでは、作物の良し悪しを決めるのは、その形状ではなく、安全、安心なのであって、二股のダイコンでも全く問題はない。商品化率はあがる。農家にとっての実際の収益のヒントはここにあると思っていた。

地域の前の平等——同じ地域の生活者として

レインボープランは循環の事業だ。循環の事業だからこそ、どこか一カ所でも流れが滞れば全体が停滞してしまうということになる。生ゴミ収集のところは前述した通りだが、堆肥化のところでも、果たして良質な堆肥ができるかどうか。欠陥堆肥ならば農家は使わず、堆肥というゴミができるだけだ。また、果たして高齢化している農家はその大切さを十分に理解しているとしても堆肥を使えるかどうか。化学肥料をパラパラのほうがはるかに身体的には楽だ。また、堆肥を使うに足るお得感が農家の中に生まれるだろうか。それはどのような仕組みからだろうか。また、レインボープラン作物ができたとして、それを市民が買うだろうか？　買わなかったならば農家は作物を作れず、よって、堆肥は活用されず、生ゴミ収集も意味をなさなくなってしまう。循環であるだけに、一つの行程ではあっても、常に全体を考えた視点が求められていた。

堆肥センターが完成するまでの五年間で三〇〇回以上の集まりが行われたと言ったが、ほとんどはこの組み立てに関わる話だったたと思う。

市民委員には一切手当はない。すべて手弁当の取り組みだった。ある女性は途中で保育園に孫を迎えに行き、自宅に送り届けたあと、また市役所での会議に復帰する。またある女性はご亭主から「なんでこんなに頻繁に出かけるんだ？　また、レインボープランか？」と言われるので「孫の世代に向けた地域づくりだからと説明はするのだけれど……でも大丈夫、心配しないで」と。またある委員はくたびれているはずなのに、会社の残業を終えてそのまま駆けつけ、またある農民委員は、時間ぎりぎりまで働き、汚れた農作業着のまま、食事もとらずに参加する。雨の日も、風の日も、吹雪の日も、循環の仕組みを作り出す話し合いは続いた。それでもまだレインボープランが実現できるという確証はない。すべての協議、努力が無駄になるかもしれない。不安定な状態の中での話し合いが続く。私は委員長として、四つの部会のすべてに出るようにしていた。みんなが疲れていた。

そんな中でこんな出来事があった。たまには委員全体で慰労会をやろうということになり、会費を持ち寄ったまちの居酒屋でのこと。日頃の緊張がほぐれた開放感もあり、みんなにぎやかにやっていたのだが、そのうちに行政の課長が酔いつぶれた。それを見て誰かが話しだした。

「彼らはいいよなぁ。もし、うまくいかなかったとしても決して責任を問われることがないのだから。はい、今は教育委員会にいます。あれは仕事でしたので……で、終わりだ。でも私たちは違う。うまくいかなかったならその責任を背負い続けなければならない。逃れられない。あいつらが市民と行政を動かしたのだよと言われ続けるだろう。もしかしたら子どもの代、孫の代になったとしても……」

するとと今までうつぶせになって眠っていたと思われていた課長がムクッと起きだしてこう言った。

「今の話は聞き捨てにならないな。我々だって、誰が課長のときに強く市長に具申したか。これは庁内はもとより、私の近所だって知っていることだ。何とか未来のためにもこの計画を形にしたい。その点ではあなた方と同じだ。同じ気持ちでやっていたのだ。あなた方は私たちをそんな目で見ていたのか！」

一瞬にして酔いが醒め、話し手はただただ謝った。そこから生まれたのが「ともに」という言葉だ。「ともに」というのは、市役所の職員も市民も、同じ地域の生活者としてこの事業に携わる。五～六年のスパンで地域のことを考えたりすると、自分の利益とか属する集団の利益が先に立ってしまい、それらを越えて手を結ぶことがなかなかできにくい。職種が人を隔てる。けれど、五〇年先、一〇〇年先の利益という観点に立ってみると、今の自分たちの違いというよりも、この地で暮らし、やがてこの地の土になるということの同一性みたいなものが浮かび上がってくる。違うと思っていたことも、その視点に立てば、たいした違いではないのが分かってくる。そこで生まれたのが「ともに」という考え方だ。行政―住民が縦軸の関係でつながるのではなく、同じ地域の生活者として、地域で共に生

レインボープランへの視察者は海外からも

きる仲間として、同じ地域で世代交代を繰り返していくであろう仲間として、イコールの関係でつながり、協力していこうとする。この考え方に基づいて、「地域百年の前の平等」、あるいは「いのちの資源の前の平等」とも言ったが、趣旨は一緒だ。「ともに」……その出来事以来、この言葉をレインボープランの合言葉とし、理念の柱としてきた。

田畑は生ゴミの新しい捨て場ではない

レインボープランが稼働してから一年半ほどたった。その間に、およそ四千人の視察者が当地を訪れていた。その内訳は、市民団体や農業団体、議会、自治体、大学などだが、やはり一番多いのはゴミ問題に取り組んでいる自治体担当課職員である。そのすべての人に尋ねたわけではないのだが、どうも「生ゴミも堆肥にすれば田畑を捨て場にできる」という発想で、「うまくやっている」長井市を見てみようと来られる人が多いようだった。

確かに堆肥化によって可燃ゴミの三〇％前後を占めるといわれる生ゴミを減量できるのは大きい。また、生ゴミと一般可燃ゴミとを一緒に燃やせばダイオキシンが発生しやすくなるという事情にせかされてもいよう。しかし、生ゴミの新しい「捨て場」として田畑を捉える発想では、必ず失敗するだろう。

農民は、そのような考え方で作られた堆肥を二つの理由で使わない。一つは、できた堆肥への信頼性において、二つは農民の自尊心の問題として。

国内の農業を切り捨て、外国から農産物を大量に集め、飽食の限りをつくした後、ゴミの捨て場に農地を利用しようとすること。これは日本の農業を二度切り捨てることだ。

生ゴミの堆肥化は、暮らしと社会のありように変革を迫り、農業と人々との間に土といのちの結びつきをつくりだす。

この文脈から生ゴミの堆肥化が形づくられていくとすれば、たとえそれがゴミ問題を契機にしていたとしても、やがて信頼するに足る堆肥を生み出すことにつながっていくだろう。

台所が田畑の一部になる

レインボープランが目指すのは、同じ地域のまちに住む人たちが出す生ゴミを堆肥としてもう一度むらに戻し、むらで作られた農作物を今度はまちに返す、という循環の世界である。

従来の流通は、農村が作ったものを都市に供給するという、エネルギーの流れからすればほとんどが一方通行だ。だが、循環の世界では人々の農業との関わりも違ったものになっていく。まちの台所はすでに田畑の一部であるとも言えるのだ。まちの市民の日々の暮らしの中から土作り、作物作りが始まっている。

レインボープランによって、まちとむらが新たに出会えた。その結果、市民の中に、田舎で暮らすことの安らぎや自信が広がろうとしている。ある主婦は、テレビのインタビューに答えて、「長井が誇りです」と話していた。循環の世界は、都会志向ではなく、〝田舎の目指すものは豊かな田舎である〟という新しい地域観をつくりだそうとしている。

長井麺類組合は、レインボー野菜を山盛りにした「レインボープラン・ラーメン」を開発し、市民に呼びかけて試食会を行った。

食品加工の分野では、豆腐製造組合から転作大豆を活用した「レインボープラン豆腐」の話が持ち上がっている。

今まで田舎は単なる原料供給地だった。だが、地域農業と地域社会を意識的に結びつけようとした活動によって、人々はその原料としての作物を自分たちの暮らしを豊かにする資源として活用しようとし始めている。地域農業と人々との新しい関係が、形をとって動き始めた。

生活者こそ循環の輪を回す主役

循環の事業は市民（生活者）が主役だ。暮らしの側からの市民の自覚的な参加がなければ、循環の輪は回らない。地域の主人公は、その地域に住む生活者である。市民がレインボープランの運営に参加し、循環のためのさまざまな意見を述べ、システムへの改良を加え、決定を分かち合うこと、このことはレインボープランを進めるうえで不可欠である。

今まで繰り返し述べてきたように、この事業はゴミの減量対策ではない。概括的に整理して言えば、生産地から消費地への一方通行に対して循環を、全国に対して地域を、都会志向に対して田舎の主体性を、行政主導から市民が主役へ、さらに言えば、今までの農業政策に対して、農業政策、環境政策、食料政策の一体化された視点をという思いを具体化したものである。

レインボープランは、大量生産—大量流通—大量廃棄の社会システムへの反省のうえに築かれていく、私たちの未来づくりそのものなのだ。

いくつかの教訓

この取り組みの過程で得た教訓をいくつかあげたいと思う。それはあくまで事業の組み立て上のことに関してのことだし、長井市や私に関してだけ当てはまることかもしれないが、多少の繰り返しはご容赦願いたい。

（1）「時代を工業系から生命系への転換期」と捉える視点

転換期とは古いモノサシの崩壊期であり、新しいモノサシの創造期だ。これはすでに「柿の種」を例にとって述べたが、何が柿の実で、何が柿の種か。常にこの視点で物事を考え、見ていこうとする。そのうえで、「柿の種」に力を注ぎ、自らも「柿の種」を生きようとすること。年齢の問題ではない。経験の問題でもない。決意と情熱に関わる問題だ。

（2）「批判と反対から対案と建設へ」

転換期だからこそ、古い仕組みを批判しただけでは何も変わらない。それでは何をどう変えていくのか。何を対置していくのかが求められるところだ。「批判と反対から対案と建設へ」。これが転換期の基本的態度でなければならない。しかし、これは多くは地域政策においてだ。全国的な領域においては、この限りではない。批判や反対を言い続けなければ守れないことはけっこう多い。

(3)「地域づくりは良いとこ集め」

私たちは、お互いの違いを認め合い、同じ願いをもつ仲間であることを大切にし、お互いを尊重し、肯定して集ってきた。

私たちが取り組んで来た市民活動の多くは、ほとんど何の報酬もなかった。そんな中で時間を割き、力を出せてきたのは、必要とされていたからだ。それを自覚できるからこそ、疲れてもその場に出向こうとなる。

人々は肯定され、必要とされて初めて能動的になることができる。また、それを相互に認め合うところからプラスアルファの住民の取り組み、未来づくりが始まっていく。このことの意味はとても大きい。

(4)プラスの連鎖は女性から

この計画を進めるうえで一番大事なのが、まずどこから声をかけるかであった。失敗できない事業の第一歩。かつ、我々は社会的には全く非力な少数者。もし最初につまずけば、そう大きくない地域社会でのこと、あそこが断わったという話はすぐに広がっていく。そのことが地域の雰囲気を決めてしまうことだってある。「あの人たちが引き受けた。だから私たちも……」。こんなプラスの連鎖、プラスのドミノ倒しを現実の地域社会で進めていくためには、最初、どこに話を持っていくかはとても重要だった。最初はAに。次はAの同意を得てBに。次はA、Bの同意を得てCに。次はA，B，Cの……。進むごとに同意の数が増え、説得力が増していく。

レインボープランは食、農、環境の地域づくりに関わること。この分野での女性たちの活躍は誰もが認めるところだ。男はどちらかといえば経済効率に縛られていて、自由な発想ができにくい。まず、長井の女性たちに受け入れられること。それができないようなプランなら、もともとその資格はなかったのだとあきらめがつく。よって選択の余地なく、最初は女性団体に会いに行こう。長井の女性たちならばきっと理解を示し、初発のエネルギーを提供してくれるはずだと思っていた。

次は商工会議所。竹田会頭の図抜けた力量は、知ってはいた。それを抜きにしたとしても、ここに集まっている人たちは社会の動向に敏感なアンテナを立てている人たち。女性の次に理解を示してくれる人たちは商工会議所に集まる人たちだろうと考えていた。

次は病院。地域医療と食との関係の意義を体験的に知っている人たちだ。清掃事業所も抱えている課題からいって我々の提案に正面から向き合ってくれるだろう。そして市役所。最後に農協に向かう。実際にこんな計画を立て、順番に行動していった。その結果、それぞれの団体は快く参加を表明してくれた。

もし、これが逆の順序だったなら決してこうはいかなかったに違いない。まず農協に行き、断られ、次に行政に行き、断られ、病院に行っても、JAや役所ができないと言ったならば無理だよとなったに違いない。

どこから働きかけるか。それはプラスの連鎖か、マイナスの連鎖かの分岐点に直結する。その選択は地域社会の中では決定的だ。

農作業と地域活動と

私は、レインボープラン推進協議会の設立（一九九七年）と同時に、企画開発委員長として、また、二〇〇四年から二〇〇六年まで推進協議会の会長としてレインボープランの事業に没頭していた。でも私は百姓だ。あくまでも暮らしの中心はそこだ。

レインボープランからの収入は無い。無いどころか、農業の少ない収入の中から捻出して自分の活動経費に充てていた。

時々、「菅野さんは講演料が入るからいいね」と言われることがあったが、とんでもない話だ。確かに依頼があれば、生ゴミの堆肥化の普及ということから、極力断らずに応えるようにはしていたけれど、そのために費やす時間や、その間のニワトリの世話などを他の人に頼むなどの農作業上の穴埋めを考えたら、決して割の合うことではなかった。とにかく収入は農業のみ。そこをおろそかにしたのでは暮らしてはいけない。

その忙しさはなかなか分かってもらえないだろうが、大雑把に紹介すればこんな感じだった。まずその頃の我が家の農業経営は水田二ヘクタールと六〇〇羽の自然養鶏、それにわずかな自給畑。

農家として早いのか遅いのかは分からないが、早朝五時半には田んぼに出る。ひと段落したら鶏の餌やり、餌づくりに集卵。その後、月、水、金は玉子をトラックに積んで配達に出かける。配達はすべて長井市内で、およそ一八〇戸。一回で二時間半から三時間。終わり次第、田んぼ。午後三時にはまた鶏の給餌、集卵。そしてまた田んぼへ。少しでもあいている時間は一八〇戸を集金してまわる。田植えの時期でも、稲刈りの時期でもこんな感じだった。夜はほぼ毎日のように推進協議会の会合に出かけた。そこからは無収入。だけど責任はとてつもなく大きかった。だから手を抜けない。こんな感じの毎日だった。百姓ではあるが、どんなに忙しくても、地域づくりに時間を割く、ちょっと変わった百姓暮らし。だけど、充実していた。

前にも書いたが、一度は逃げ出したいと思った地域を、逃げなくてもいい地域に変えていく。そんな志をもって百姓からやりなおそうと始めた人生。その渦中を生きていると思っていた。少しキザっぽく聞こえるかもしれないが、そんな環境を与えてくれている自分の家族や、周りの方々にいつも感謝していた。特に子どもたちには今でも申し訳なかったと思っている。多感な少年、少女の時代、ほとんどどこにも連れて行くことができなかったから。それに妻。彼女の支えがあったから、破綻せずに暮らしてこられたと思っている。

そして両親にも。私がほぼ毎日のように出かけていっても何の苦情も言わず、一切、そんな暮らしに口をはさむことはなかった。それだけで、ずいぶん気持ちが楽になったと思う。

数々の受賞

「快里（いいまち）デザイン会議」の設立（一九八九年）から数えて三二年。レインボープラン調査委員会の設立（一九九一年）から三〇年。レインボープラン推進協議会の設立と堆肥センターの建設およびレインボープラン稼働（一九九七年）から二四年の歳月が流れた。

私は、二〇〇六年に推進協議会会長を退き、後進の仲間に思いを託した。

レインボープランは数々の賞を受賞した。一九九八年から二〇一二年までの一四年間の主だったものだけを列記すれば以下のようになる。
★「地球賞」（山形県知事表彰）一九九八年十一月
★「第42回　山新3P賞〜平和賞」（㈱山形新聞社／山形放送㈱・㈱山形テレビ）一九九九年一月
★「自治体環境グランプリ〜エミッション最小化部門賞」（(財)社会経済生産性本部／読売新聞社）二〇〇〇年二月
★「平成12年度リサイクル推進功労者等表彰」（リサイクル推進協議会）二〇〇〇年十月
★「第5回環境保全型農業推進コンクール〜最優秀賞」（農林水産省）二〇〇〇年三月
★「国土庁長官賞」二〇〇〇年十月
★「地域づくり全国交流会議北上大会実行委員会会長賞」（地域づくり全国交流会議）二〇〇〇年十月
★「環境貢献賞」（(財)ソロプチミスト日本財団）二〇〇一年十一月
★「計画賞」（日本計画行政学会）二〇〇二年十一月
★「第5回明日への環境賞」（朝日新聞社）二〇〇四年四月
★日本農業賞「第2回食の架け橋賞大賞」（日本放送協会、全国農業協同組合中央会）二〇〇六年三月
★「平成二〇年度循環型社会形成推進功労者（団体）表彰」（環境省）二〇〇八年一〇月
★「市政功労団体表彰」（長井市）二〇〇九年十一月

★「美しい水辺づくり功労賞」（美しい山形・最上川フォーラム）二〇一〇年
★「第2回地域再生大賞　優秀賞」（地域再生大賞実行委員会）二〇一二年二月

ほかにも国の農業白書に循環型農業の模範事例として取り上げられ、さらに環境白書にも循環型社会の同じく模範事例として取り上げられている。

また、二〇〇七年元旦のNHK総合テレビの全国放送のゴールデンタイム（午後七時半〜八時半）で「元気な地域を紹介する」という特集の筆頭に紹介されもした。このほかにも新聞、テレビなどでの紹介は多数あり、レインボープランは生ゴミ堆肥化を伴う循環型地域づくりの全国的でシンボリックな存在となっていった。この事業を立ち上げた頃、長井市役所にはレインボープラン係として臨時を含む五人の職員がいた。生ゴミ収集、堆肥化、農作物生産、認証、流通、販売、消費、そして事業への市民参加の促進と、職員たちはフル稼働していた。

さらに二つのNPOが立ち上げられた。一つは「NPO法人　レインボープラン市民農場」（竹田義一理事長／二〇〇四年設立／会員三〇人）だ。レインボープラン農産物の生産と学校給食や市民への供給等を目的としている。何よりもその名前に市民農場とうたっているように、この農場の中心的担い手は市民だ。会員登録した三〇人ほどの市民がレインボープランの作物生産に励んでいる。

二つ目は「NPO法人　レインボープラン市民市場　虹の駅」（渡部久雄理事長／二〇〇五年設立／会員七二人）だ。レインボープラン農産物の市民の台所への流通、促進を目的にしている。

そして今日（二〇二一年）

スタートから二四年の二〇二一年。今でもレインボープランは長井市を代表する事業の一つとして稼働し続けている。

プランを共に構想し、組み立て、事業をけん引してくれた六〇代、七〇代の女性たちのほとんどは現役を引退した。市長も最初から数えて四人目となるが、その間、順風だけではなく北風や逆風の日々もたくさんあった。むしろその方がはるかに長かったとすら言える。でもそれはある程度避けられないこと。多様な価値観をもつさまざまな人たちが共に暮らすのが地域社会である。地域づくりは常に単線的にというわけにはいかない。たとえ、よく考えた末の方針だとしても、それがそのまま通ることはまずない。地域づくりでは、それが普通であり、かつ、そこが出発点であることは間違いない。

しかし、それらを十分に踏まえたうえですら、違和感を禁じ得ない出来事がたくさんあった。これから書く「虹の駅」に関することもその代表的な事例である。

これまでと違って、ここは「うまくいかなかった事例」なのでトーンが少し落ちている。暗いとまではいかないが決して明るくはない。地域づくりに限らず、すべての事業にはこんなことは付き物だ。多くの人も似たような経験をしているに違いない。決して特別なことではない。そしてこれを書くことは誰かを傷つけることを目的としていることではない。それぞれが良かれと思って選択した結果だ。誰にも罪はない。ま、こんなこともあるさ……。という気楽な気分でお読みいただきたい。

「NPO レインボープラン市民市場　虹の駅」

まず、その「虹の駅」から説明しなければならない。

レインボープランの中では農産物生産と販売部門が弱かった。実際のところ、農家が作付けできるかどうかは、その作物に具体的な販売ルートがあるかどうかが大きい。それが無いなら農家は動けない。そこでつくられたのが「NPO　レインボープラン市民市場　虹の駅」である。二〇〇五年設立。県や市・民間からの助成一三〇万円、市民である「虹の駅」役員からの借入金が三〇五万円。これでスタートした。

小さな直売所ではあったが、その運営にはレインボープランらしい趣向が凝らされていた。生産者と消費者会員は協力して店舗に立ち、作り手の思いや調理方法などを説明した。農作物は「虹の駅」の買い取りではなかったが、生産者の負担をできるだけ少なくしようと、「虹の駅」の役員たちは売れ残った作物をそれぞれの車に積んで売り歩いた。

当初、長井市の農家のほとんどが稲作農家であったために、野菜作りなどに取り組んでくれる生産者は少なかった。しかし、市民である役員たちが農閑期に生産者宅を戸別訪問し、取り組む農家を開拓していった。消費者へのレインボープラン農作物の活用の呼びかけは主に「長井市消費生活者の会」、「中央地区女性の会」などの女性団体が引き受けた。

常に運営資金に苦しんだ。少しでも販売環境を良くしようと、三回の店舗移転を行い、二〇〇七年十一月、ようやく片田町の一角にいい条件の店舗を確保でき、利用者も少しずつ増えていった。ここでも役員有志は自分の車に作物を積んで、交代でデイサービス施設や保育園、企業の昼休みなどを回り、定期的巡回販売を進めていった。すべて「奉仕労働」だが、何とか「虹の駅」を軌道に乗せたいという市民の思いがこの事業を支えていた。

一方、いわゆる「買い物弱者」が市内で増えていた。「虹の駅」ではこの方々を支え、あわせて地域内販売を強化しようと、県の助成で巡回販売用の軽四輪車を導入し、パート職員二人を採用する。巡回販売も動き出した。

苦節四年。市民の役員たちが個人的に支えてきた事業負債は累積五〇〇万円ほどに上り、いささかも減ってはいなかったし、依然として低空飛行ではあったが、それでもようやく単年度、赤字にはならずに、水面から顔を出せるようになってきた。「虹の駅」はさまざまな支援の中でようやく軌道に乗り始めた。市民の努力の成果だった。

そこに、大きな直売所を作る計画がもち上がった

二〇〇九年の秋、突然、農産物を中心とした直売所を作る計画がもち上がった。推進しているのは「置賜地域地場産業振興センター」（理事長・長井市長）。当初、それは名前が示すように置賜三市五町の共同出資でつくられたものだが、やがて長井市だけの運営になっていた。商工中心の団体で、大きな赤字を抱えていた。その中の物産館を母体にして市主導で大きな直売所をつくるという。「置賜地域地場産業振興センター」の赤字解消が大きな目的だったと思う。だが、そこには農業関係の足場はゼロ。提案はＪＡを含む三つの直売所にもちかけられた。その中の一つが我々の「虹の駅」だった。その直売所の設置場所が、何と「虹の駅」からわずか約一五〇メートルの隣接地。ようやく経営も順調にな

り、これで自立できると喜んでいた矢先の出来事だった。

「サテライト方式です。虹の駅が店ごと入るということで、引き続き生産者は各直売所の所属のままです。虹の駅などの直売所には販売手数料が支払われます。事務機能などはこちらですべてやります。悪いことは何もありません。ぜひ入ってください。」。事務方責任者の提案はそんなことだったと思う。

「虹の駅」以外の二団体は入ることにしたという。我々はどうするか。決断を迫られた。「虹の駅」は単なる直売所ではない。レインボープランの理念を実践しようとする地域づくりの市民団体だ。直売機能もあるが、消費者や生産者への働きかけを行いながら循環のまちづくりを進めること、生産者と学校給食をつなぐこと、買い物難民にレインボー作物を届けることなど課題は幅広い。果たして直売所に入ってうまくやっていけるか？

でも、近くに公設の大きな直売所ができる中で、それに参加せずにこれまでのような独自の歩みを続けられるだろうか。ただでさえ経営に余裕がないのだから、間違いなく行き詰ってしまうだろう。

それにしてもここまで市民の志と支持だけを力に、食と農と循環のまちづくりを担うセンターをつくろうと頑張ってきた姿を見てきたはずなのに、その市民の事業を後押しするのではなく…逆に…。その意図が分からない。話し合いは何度も繰り返された。

「参加やむなし」。残念ながら他の選択肢はなかった。ただし、参加条件として、

①その直売所からレインボープラン作物の学校給食調理場や市内巡回販売に向けて車が出入りできること

②直売所の中にレインボープランコーナーを設置できること
③今まで虹の駅でやってきた、消費者ボランティア参加による売場スタイルが継続できること
④販売手数料の現行維持

の四条件を出した。それは最低限のことだった。その点での確かな了解をもらったことで、二〇一〇年四月一六日のオープンから参加することになった。

新しくつくられた公設の直売所は「市民直売所おらんだ市場　菜なポート」と名づけられた。

「虹の駅」の息の根が……

スタート当初は順調だったが、やがて「菜なポート」や他の団体との間に行き違いが生まれていく。彼らが求めていたのはあくまでも直売所であり、むしろ直売以外のことは余計なことだという考えだ。「虹の駅」にとっては、それは全体の一部であり、他の役割も地域づくりという視点からいっておろそかにはできない。当然のことながら「虹の駅」と「菜なポート」との間で齟齬が生まれ、溝が深まっていく。やがて「菜なポート」主導で、次々と条件が崩されていった。

そして、次の「菜なポート」が発した「通告」で市民の事業であるＮＰＯ「虹の駅」の息の根が止められていく。

1．三年間のテスト期間が終了したので手数料率を二年後にゼロにしたい。
2．各団体に登録していた農産物生産者は、「菜なポート」に直に登録してもらう。

このままでは「虹の駅」に登録していた四〇数人の生産者のすべてを失うことになるだろう。そのうえ、設立時点の負債を抱えたままで、事実上「虹の駅」は放逐されるということだ。だまされたのか？

それらは参加三団体に平等に示されたことだ。しかし、ＪＡは離れたところに独自の直売所をもっており、もう一つの団体もやはり自分たちの直売所をもっていた。だから登録していた生産者との関係が終わってしまうわけではない。「菜なポート」の売り場を失ったとしても正直、痛くも痒くもないだろう。しかし、「虹の駅」はそうではない。唯一無二の自分たちの直売所を整理して、「菜なポート」に参加してきたのだ。この場が無くなれば「虹の駅」の直売機能のすべてを失うことになる。また、そこからのささやかな利益で学校給食や買い物難民対策など、地域循環を目指して対応していたＮＰＯの事業もすべてストップすることになる。つまり、「虹の駅」は無くなってしまうということだ。

我々は何度も「菜なポート」の理事長である長井市長に面会を求め、再考を要請したが、無駄な努力に終わった。

「ＮＰＯ　レインボープラン市民市場　虹の駅」は今、解散状態にある。生産者も財源もすべてを失った。その後も我々は何度か話し合いを求め、違う形でのまちづくり事業の継続を追求した。ギリギリのところで「虹の駅」側が提案したのは、「食と農のまちづくりセンター構想」だった。それは「虹の駅」の破綻で大きく後退した循環のまちづくりの捲土重来を期した提案だった。

二〇一五年の「長井市まちづくり少年議会」で、「少年議員」の質問に、市長は次のように答えている。

「食と農の総合センター構想を検討しようということで、今年からそれを本格的にやっていきたいと考えております。ここでは、地産地消の推進、それから学校給食等、場合によっては病院とか福祉施設などにも働きかけていなければいけませんが、食材を供給するということと、食育の推進、あと環境保全型農業及びレインボープラン推進、コンポストセンターの管理運営、買い物弱者の支援の検討などを念頭に置いて、二八年度、方向性を定めてまいりたいというふうに考えておるところでございます。以上でございます」

また、二〇一六年三月の長井市議会で、市長が議員の質問に答え「（広い視点から）構想の具体化を検討し二八年度（二〇一六年度）じゅうに方向性を定めたい」と答弁しているが、そのための取り組みは二〇一九年九月時点でまだ示されていない。行政によって市民の手づくりの活動拠点がつぶされたということか。今のままならばそうだろう。それが「ともに」の中で行われたとしたら、「ともに」をどう捉え返したらいいのだろう。

ま、長い地域づくりの取り組みの間にはこんなこともあるだろう。多額の借金を仲間で分担しながら、

「長い目で見ればこの経験も必ず役に立つよ。こんなことを含めての『地域のタスキ渡し』だ」などと話し合っている。長井市長には恨みがましいことは何もない。彼にもそうせざるを得ない事情があったのだろう。彼の名誉のために言えば、他方でレインボープランを支えてくれてもいる。その点ではありがたいと思っている。

さて、私たちはレインボープランを通して社会にどのような貢献ができたのだろうか？

計画を立ててから三〇年。稼働して二四年。大きな視点で言えば台所と農業を地域的につなぎ、市

民の台所から田畑が始まり、田畑から市民の台所が始まっていくという有機物の地域内循環の一つの事例を全国に示したこと。今では多少頓挫してはいるが、創成期にあって市民と行政がイコールの立場で協力しながらこの事業を進めてきたことも評価されていいだろう。「土はいのちの源」という考え方を広く普及できたことも大きな成果だと思う。しかしながら何よりも大きいのは、そして、何よりも評価されなければならないのは、次世代のことを思いながら、食と農の地域づくりのために女性団体を中心とする多くの長井市民が無償の汗を流し続けたという事実だろう。

二〇二一年五月。レインボープラン推進協議会発行の「レインボープラン推進協議会だより」が送られてきた。そこには山形大学の協力により行われた「レインンボープラン評価調査事業（平成三〇～令和元年度）」の結果が報じられていた。「さまざまな波及効果」は、金額ベースにすると、

1. レインボープラン農産物の流通　三億三〇〇〇万円。
2. 可燃ごみ処理費用の節約効果　二億一〇〇〇万円。
3. メディアによるPR効果　一六九億九〇〇〇万円
4. 視察・研修受け入れ経済効果　来訪者数三万五千人で九八〇〇万円

その他、さまざまな波及効果を生んできたのだが、しかし同時に今、レインボープランは大きな転換点を迎えているのも事実だ。主な要因は、以下の四つだ。

一つ目は、堆肥化プラントの老朽化だ。耐用年数が一五年と言われていた。それがすでに二四年経っている。堆肥センターの職員の努力によって何とかここまで稼動してきたが、ほぼ限界を迎えている。それに数億円はかかるといわれる堆肥センターの更新には、国の補助金が付かない。自力で更新する

しか道がないのが現状だ。

二つ目は、少子高齢化や、核家族化、食生活の変化などによる生ゴミの減少。今はピーク時の半分ほどになっている。

三つ目は、生産農家である小農・家族農業の離農と高齢化によって、レインボープランの生産基盤が急速に小さくなっていること。

四つ目は、市の税収の減少と財政基盤の悪化。どこの地方都市にも共通のことだが、特に東北の田舎町では深刻だ。


レインボープランは今、時代の変化の中で、その理念を活かしながら新しいあり方が求められている。長井市民が今まで引き継いできたタスキは、同じ形ではなく、今までとは違う形で受け継がれていくこともあるだろう。だが、中に流れるマインドはきっと一緒だ。

閑話休題 5

ムクドリがやってきて……

ようやく田植えは終わったけれど、二カ月ほど続いた農繁期の疲れがまだ抜け切らない。全身ぐったりしていて朝からだるい。睡眠こそその疲れを取る唯一のものなのだが、ここのところ寝不足が続いている。

原因はムクドリ。

二階の屋根裏に巣を作っていて、早いときは朝の三時半ごろから動き始め、遅いときには夜の一一時半頃まで騒いでいる。

天井裏というのだろうか、板一枚隔てた上。寝ているところのちょうど真上のあたりだ。「カシャカシャ……」「トントントン……」動き回る音が不規則に続き、眠れたものではない。

二階の屋根の下の外壁にキツツキのあけた穴がある。そこから侵入し、巣を作ったらしい。ムクドリが夫婦でいるうちはまだよかったのだが、子どもが産まれたらしく、一層にぎやかになってきた。眠れたものじゃない。

ドン、ドン……と下から棒で天井裏を突っつき、追い出しにかかるものの、いっこうに出ていこうとはしない。せいぜい一〇分ぐらい静かになるだけだ。まだ、農繁期が続いていて疲れている。だけどここのところの睡眠時間は四時間ぐらいか。

不眠状態が何日か続いたある朝、ついに意を決して追い出しにかかった。自然との共生も大事だが、無理だ！

家の構造は、どこからも天井裏に上がっていけない。仕方がないので押入れの天井板をはがしてみたが、巣を作っているところにはたどり着けないようになっていた。巣を取り除くことはできない。それなら侵入してくる穴を塞ぐしかない。侵入口は二階の屋根のすぐ下の穴。長い梯子をかけて、そこに布切れをギュッと詰めた。これで入ってくることはできない。

押入れの天井板をはがしたままにしておいたから、そこから天井裏に明かりが届いているはずで、中に残っている鳥は明かりを頼って部屋に降りてくるだろう。そこを捕まえればいい。これで万全だ。

昼休み、鳥のことはすっかり忘れていた。少しでも寝不足の解消をしようと二階に上がり、横になっていたら……足もとで何かが動いている。ムクドリだ。十畳ほどの部屋の中とはいえ、なかなか捕まえられない。隙間から隙間に逃げ回っている。大丈夫だ。食いはしない。出て行ってもらうだけだから、貴重な睡眠時間を浪費させないでくれ。

ようやく捕まえてみたらまだ子ども。お前か、オレの睡眠を邪魔していたのは。オレの手の中で泣き叫び、震えている。あどけない目。二度と来ないようにコンコンと諭し、窓から放してやった。するとどこにいたのか、二羽のムクドリがサッとやってきて合流し、三羽が寄り添うように飛んでいった。きっと親鳥だな。心配していたんだなぁ。住まいをかえて仲良く暮らしてくれ。すこし申し訳なさを感じながらも、いいことをした後のような、清々しい気持ちで見送った。

これでようやく眠れるぞ。

横になってウトウトし始めたら、また足元にムクドリが……。これも捕まえ、放してやった。今度は六羽ほどのムクドリが、放たれた子どもに合流し、一緒に飛んでいった。家族と親戚が心配して来たのかな。さぞや喜んでいることだろう。よかった、よかった。

さて、寝るぞ。

横になってウトウトしたら、またムクドリが……。放したら、今度も三羽ほどのムクドリが合流し……友だちかな。

さて、今度こそ眠るぞ！　そう思ったら、またムクドリが……。

よぉし、いくらなんでも、これで終りだべ。そう思っていたら……またムクドリが……。

そして……また、ムクドリが……。

いい加減にしろ！　お前たち！

どうせ出てくるのなら一度に出てこいよな!!　せっかくの昼休みは台無しになってしまったじゃないか！

気分の良さもすっかり無くなってしまい、いらいらしたまま午後の仕事に向かった。

そんなことなので、この話からの教訓めいたことは一切なし！

ただ眠たいだけだ。

第九章　置賜自給圏をつくろう

水田中心の資源豊かな地域

置賜地方というのは、アイヌ語で芦《あし》や葦《よし》が繁茂している広い湿地帯という意味だそうだ。山形県の南部、米沢市を中心に三市五町で構成されている地域で、その中の私の住む長井市は、人口二八、〇〇〇人前後。風景の中心には山と田んぼと川がある。ドーナツをイメージしてもらうと分かりやすい。真ん中の空白の部分に町があり、その周りを田んぼが囲み、さらにその外にはブナの山々が連なっていて、それらをつなぐように最上川、白川などの大きな河川が流れている。そんな風景を見ればここは農業、それも水田を中心とした、いのちに関わる資源が豊かな地域だと分かる。

私が住んでいるのは、朝日連峰のふもとに位置する三八戸ほどの集落だ。そのうち約一四戸がコメの販売農家で、この間、暇にまかせて計算してみたら、農家の平均年齢は六七歳。これは日本の農家の平均年齢である、六八・五歳とほぼ一緒だ。その村で今何が起こっているか、いくつかのエピソードを通して紹介したい。

今、村で起こっていること

「とき(時)が来る。トキになる」。この言葉は、和歌山県は本宮町の百姓仲間、麻野吉男さんの造語だ。言葉は短いが、その意味するところはけっこう深い。先に書いたように、世界的には、工業系が主導した生産効率優先の時代から、生命系が主導する資源循環型社会に向けて、社会のあり方と共に農業、とりわけ小農、家族農業の価値とその役割が大きく見直されようとしている。本来の食糧生産に加え、地球温暖化などの環境問題や、社会の安定的維持にとっても、家族農業・小農の果たしてきた役割は大きい。だが、残念ながら日本では、かつての「佐渡のトキ」のように我々百姓は「絶滅危惧種」になろうとしているという意味なのだけれど、実感だ。

間違いなく世界的に農の時代が来る。いや、もうすでに来ているといってもいい。しかし、日本の場合はそこに農家がいることは期待されていない。農民がいることも期待されていない。産業としての農業に、農家と農民の姿は無くていい。そこにあるのは、生産効率を最優先した大規模農業、企業農業だ。

かくして小農がつぶされ、家族農業がつぶされ、人々が共に暮らしていた村が崩壊の淵に立たされている。

他方、その結果として広がっているのは、農薬と化学肥料にいっそう依存する農業。環境に負荷をかけ、汚染を促進する農業だ。それに加えて、新たに遺伝子組み換え技術やゲノム編集技術が跋扈する世界が広がろうとしている。それは単に近未来の話ではない。すでに現実となっている。このように日本農業が向かっている道は、世界の人々が目指している道とは大きく異なっている。逆行している。

田んぼでは

それを稲作に見てみる。稲作でも主要な動きはこれまで以上の家族農業・小農の切り捨てである。たとえば、トラクターや田植え機、コンバインなどの農業機械は高い。一台で四〇〇万、五〇〇万円などはざらにある。ところで大規模化を目指し、法人化を進めようとする農業団体などには、国がその代金の二分の一〜三分の一を補助するが、我が家のような、それを目指さない（せない）家族経営農家や小農にはその補助は全くない。こんな状態だ。この低米価の中で、農業機械の更新は難しい。機械が故障したら、即、離農を考えざるを得ない。それを後押ししているのが、離農をする農家には奨励金を出すという政策だ。だからこの際……というわけだ。それらの政策の下、ここ数年で急速に離農者が増え、他方で二〇、三〇、四〇ヘクタールなどの大規模水田農業が増え続けている。

このことをもう少し身近な例で見てみよう。春の種まきの前頃だったたか、重太さんから「ケンちゃんと一緒だ。ちょっと来ないか？」との電話があった。それぞれ一〇〇メートルと離れていないところに住んでいる。行ってみたら重太さんとケンちゃんは酒の準備をしているところだった。そこに俺も加わり、酒盛りとなったのだけど、ただ飲んでもおもしろくない。そこで仕掛けた話題が「いつまで農業を続けるか」だった。けっこう深刻な話だが三人にとって、その選択はすぐそこまで来ている現実的な話だ。

重太さんは水田を三・五ヘクタール。ケンちゃんは息子と共に七・五ヘクタールほど耕す。因みに我が家は四・三ヘクタール。日本の一戸当たりの耕地面積は、平均で二・三ヘクタールだから、それと比べればかなり広いが、それというのも、他の農家が農業をやめていった結果、仕方なく引き受けざるを得なかったという事情がある。もちろん俺を含め三人はまだバリバリの現役農民だが、重太さんはすでに今年で七五歳。ケンちゃんは七八歳だ。ケンちゃんの息子は農業を受け継ぎたいと東京の勤めを辞めて帰ってきているが、農業にとってはかなり厳しい現実があり、本当にやっていけるか否かは当人でも分からない。

ところで、この集落ではここ二〜三年で八戸の農家がコメ作りをやめた。高齢化と後継者不足。背景にコメの絶望的な安さがある。「コメを作っていたんではオマンマが食えない」と言ったのは佐賀県で農業をやっている作家の山下惣一氏だけど、実際のところコメ作りでは、やっていけない。それを受けての三人の話となったのだけど、その前に、コメがどんなに安いかをもう少し見てみたい。

二〇一八年（平成三〇年）産のコメの生産原価が、二〇一九年に農林水産省から発表されたが、一俵（玄米六〇キロ）当たりで一五、三二五円。これに対して農家がJAに売り渡す価格は一六、〇〇〇円を超えることはない。このような異常とも言える低価格は十数年続いている。

よく「後継者が育たないのは……」と、いかにも農家の側に責任があるかのような言い方をする人がいるが、問題は単純。育たないのは当たり前で、やっていけないからだ。先に見たように、農業機械が壊れても機械を更新できない。こういう状況では、そもそも産業としてコメ作りは成立しない。三人の話はそんな中でのことだった。

「機械が壊れたらやめるよ」と言ったのは重太さん。すでに見たように当然ながらコメ代金から機械の更新代は出ない。コンバインでもトラクターでも田植え機でも、どれか一つが壊れたら、コメ作りをあきらめるという。ケンちゃんにも「どうすんだい」と聞いてみた。するとケンちゃんは「俺は死ぬまでだな。お金になるからコメを作るが、ならないからやめたとはならないなぁ。借金増えても、また機械を買って頑張るよ」。

この言葉に触発されたように重太さんも話を重ねた。

「実は俺も損得でコメ作りをしているわけじゃない。コメ作りは人生そのものだからよ。やっぱり、死ぬまでかなぁ」

「んだべぇ、人生は赤字が続いたからやめることにした、あるいは黒字だからもうしばらくやってみようか、とはならないべ？　米作りもそれと一緒だべぇ」

すごい話になってきた。確かに今までコメ作りをやめていった人のほとんどは、肉体的に無理だったり、病気で動けなくなってのことで、やめた動機が、稲作は赤字だからという話はあまり聞かない。もちろんとんでもなく赤字であることには間違いないけれど、二人にとってコメ作りは経済、経営の領域を超えた、人生そのもの、生きることそれ自体だということだ。実際、どんなに環境が変わろうとも、春になれば決まったように種をまき、苗を植え続けてきた。

日本の農業はこれまで、こんなケンちゃんや重太さんたちによって支えられてきた。就農人口の七〇％が六五歳以上であり、農家の平均年齢は六八・五歳であるという現実がそのことを物語っている。農家の高齢化なんていうものではない。すでに十分な老齢化だ。三五歳未満の働き盛りはわずか五％しかいない。

「隗より始めよ」のたとえにもあるように、もし、これを立て直すことができるとすれば、今就農している農民が安心して生産活動に従事できる環境づくりからだろう。そうすることで農外からも人を呼び込むことができる。問題解決の糸口はそこにあると思える。

ところが政府のやっていることはその逆のことだ。

ケンちゃんや重太さんたちが本当にできなくなった時、田に苗を植えられなくなった時が水田農業というよりも、日本自体の終わりということだろう。そんな気がする。そして、その日が意外にすぐ傍まで来ているような気がしているのだ。

強い農業？

先に見たように、今、国も県も〝強い農業〟をと言い、そのためには……と、補助金を出して日本のコメをアジア市場に輸出することも勘定に入れた、大規模経営をつくろうとしている。

我が集落には約五〇町歩（五〇ヘクタール）の田んぼがあり、それを何とか一四戸で頑張って耕しているが、政府が言う「強い農業」の物差しで言うと、集落に農家二戸が残ればいいことになる。あとの一二戸には稲作をやめてもらうということだ。一戸あたり二五ヘクタールの農家が二戸。よしんばそうなったとしても、それで「強い農業」ができ、世界の市場で生き抜いていけるのかと言えば、それはあり得ない。アメリカの稲作経営の平均面積は二〇〇ヘクタールだし、オーストラリアに至っては三、〇〇〇ヘクタール。それらが市場価格をリードしていくだろう。誰が考えても日本とアメリカ、あるいはオーストラリアの稲作農業が同じ市場で競って、日本は大丈夫と考える人はいないだろう。部分的には有機農業とか、消費者と直接つながっている農業が生き残っていくことはあるかもしれないが、大部分の農家は無理だ。そしてその二戸がダメになった時、その先は無い。その代わりは無い。そこから先、バトンを受け取れる人が農村にはいない。

また、このままでは集落に農家が残らない。農家だけでなく、人が残れない。決して大げさではなく、村の存続も危うい事態が始まっている。

「強い農業」と言うけれど、その「強い農業」が残っても村に人がいなくなってしまったら、何のための「強い農業」なのか、ということだ。先に登場したケンちゃんは「みんなが稲作に関わっているのが村の一番いい姿だったな」と言っていたが、それを壊して進む「強い農業」が、俺たちにとってどういう意味があるというのだろうか。

赤茶けた畔

三、〇〇〇ヘクタールの水田は、冬には真っ白い雪原をつくり、夏になると見渡す限りの緑のじゅうたんとなる。

ところが近年、残念なことに、田園には赤茶けた光景が広がっている。原因は除草剤。本来緑のはずの田んぼの畔《あぜ》は、赤茶けた無残な姿になっていて、見るものの心を荒ませる。それは我々の村や長井市だけではない。こんな荒んだ光景は市を超え、県境を超えて広がっている。

畔は水をせき止めるだけでなく、時には機械を背負い、その上を歩くこともある。畔は作業をするところだ。当然のことながら水にさらされてはいるが、だからといって、ぬかるんだり、崩れたりしてはいけない。それを可能としているのは草だ。草の根が土と土をしっかりつなぎ、崩れないようにしてくれている。また草は雨が直に土を叩くことから守ってくれている。草が守る田んぼ。畔。草は決して「敵」ではない。農家は誰もがこのことを知っている。だから農家は、人が頭髪を散髪するように丁寧に草を刈ってきた。

しかし、今人手が無く、草を刈らずに除草剤をまく農家が増えてきた。そうすると草は根まで枯れてしまう。土をつないでいた根が無くなり、崩れやすくなり、そこを歩くことも困難になってしまう。農家はそれを分かっている。分かってはいるけど、今をしのがなければ、ということだろう。年々除草剤を散布する農家が増えてきている。

とはいえ、農家は、代々にわたって「今だけしのげれば……」という物差しで稲作をしてこなかった。百姓はみんな、一〇年先、三〇年先の子や孫たちのことを考えてコメ作りをしてきた。稲作とはそういうものだった。その物差しが壊れかけている。農家はそこまで追い込まれているということだろう。赤茶けた畦畔がそのことを物語っている。

トンボがいなくなった

むらのトンボは極端に少なくなっている。かつてあんなにいたトンボが田んぼから消えている。トンボだけではない。バッタもハエですら少なくなった。スズメもひところよりずっと少なくなっている。お盆過ぎに、稲と稲との間に巣を張って、朝露を受けてキラキラと光っていた蜘蛛の巣も今はあまり見ることはない。いわば「沈黙の春」となっている。

イネを分け入って田の土を見てみるとドジョウがいない、カエルも少ない。なぜそうなったのか。農民の間では「ドクター△×」という農薬ではないかと言われている。我が家では殺虫剤も殺菌剤も使わないのでよく分からないが、それは田植え時、苗箱に撒くだけで水稲初期・中期の主要病害虫である『いもち病』と『イネミズゾウムシ』『イネドロオイムシ』『ニカメイチュウ』『ウンカ類』『イナゴ類』等を、同時にしかも長期間にわたって退治できると説明されている農薬だ。殺菌剤と殺虫剤の混合剤。何しろ育苗箱にパラパラ播くだけで田植えと同時に薬剤散布も終了するという手軽さ。また、四五～六〇日間という長期間にわたって効き続けるという経済性。こんなありがたい農薬は今まで無かった。夢のような農薬。こんな、あれやこれやで短い間に一気に広がっていった。この農薬があれば大規模稲作も可能だ。そのためにはこれは欠かせない農薬であり生産資材だというわけだ。その結果……、田んぼに沈黙の世界が広がっていった。

東北地方に行くとナラ枯れで茶色っぽくなっている山が増えている。この間、秋田の森林保護に携わる知人が我が家に来てくれた。

「菅野さん、ナラ枯れはなぜ起こるか知ってますか?」と言うので、「極相に達した山が虫たちの力を借りて若返ろうとしているんじゃないか」と、いささかロマンチックなことを言ったら笑われてしまった。

そもそもトンボというのは大部分が田んぼで生まれる。これは知っていた。田んぼでヤゴの時代を過ごし、夏になると山に登る。山では虫を盛んに食い、秋になると里に下りてきて田んぼの周りを舞う。彼は、ナラ枯れの原因はトンボが極端に少なくなったことと関係があると言う。カシノナガキクイムシ（通称「カシナガ」）という虫が関係して、ナラ枯れを引き起こすのだが、実はその虫をトンボが食べていた。しかし、トンボがいなくなり、天敵がいなくなったことで、その虫が大発生し、大規模なナラ枯れを引き起こしたのだという。背景に今日の農業問題があると彼は話す。自然保護運動の専門家の話だけに、説得力のある話だった。

新自由主義とグローバリズム

あまりのコメの安さと後継者不足、強い農業づくりと村の存続の危機。また、規模拡大路線と赤茶けた田んぼ。生き物がいなくなっていく農法。これらはすべて効率化、低コスト化、大規模化がもたらしたものであり、その背後に新自由主義とグローバリゼーションがある。

市場競争で勝ち得たものによって構成される社会こそ、最も合理的であるとされる考え方。これを地球規模で実現していこうとする。生産活動の拠点は何も国内に置く必要はない。部品にしても、生産するうえで最も適したところで行い、それを集めて組み立てればいい。集める場所も自国である必要はないし、商品を売り込む市場も広く世界に置き、自国に限定されない。そのための労働力も国内に求める必要はない。そうなれば、教育費など国内労働力の再生産のための経費はいらない。だから……労働者にまともな家庭は必要ない、路上の片隅があればよい、ということにさえなってしまう。

資本のこうした要求が、派遣労働を拡大し、無権利と低賃金の労働者を大量に発生させてきた。事実、多くの若者は家庭を築くことができず、既婚世帯も崩壊の危機にさらされ、最も不利な立場に置かれた人々は実際に路上に掃き出されている。新自由主義とグローバリゼーション。自民党を中心とする政権はひたすらこの道を歩んできた。民主党政権下、強引に進めたTPPもまさにそのような道だった。

そうして作り出された価格の安さをめぐる競争。すべてが金銭に置き換えられ、価格の安いほうが勝っていく競争。その中で、製造業はもっと適したところへと地域から出て行き、多くの農産物も海外に依存するに至った。何度も繰り返しているように、日本の農業は崩壊過程の中にある。だがそれでも声を大にして言わなければならない。農業はそんな工場生産の世界とは違う。地代や労力が安く手に入るところに農地を引っ越して、新たに農業を始めればいいというものではない。その地域、その地域の地形、自然条件に適応し、共生しながら田んぼや畑で作物を育てていく。そういうものだ。工業生産のモノサシを一律に農業にあてはめ、「非効率」とされる部門をつぶしていくということでは、農業は成立しない。その基盤である村は消滅するしかない。この間の事態はまさにそのことを物語っている。

ではどうすればいいか

ではどうすればいいのか。活路はあるのか。ここまで来てしまえば、そう簡単な答などは見つからない。簡単ではないが、考えられる方策の一つは、「地域自給圏」をつくることではないかと思える。

市場原理主義とは距離を置き、地域にそれとは違うつながりを創っていく。キーワードとなるのは自然、循環、生命系、身の丈の経済、いのち、持続可能な社会、地域の自立など。人と人との連携を基礎に、グローバリズムとは違う価値が通う地域だ。だけど経済は生き物。軽々と国境を越えていく。こんな時代の一隅に、食と農の分野とはいえ、果たしてそのようなことが可能なのか。いや、食と農の分野だからこそ、グローバリズムとは別個なモノサシをもった地域社会が求められているとも言えるのだが……。

自給圏とはいえ、すべてを自給しようとするのではないにしても、何をどのように自給していくのか、どこから始めるのか。それらは全く未知の領域だ。

今、時代的に切迫している課題であると同時に難しい課題でもあるが、足元から考えれば、その課題を解いていく糸口が見つかるような気がする。たとえば我が家では、買い物をするときにはなるべく市内の店から求めようとしている。また、放し飼いのニワトリを飼っていて、その玉子は広く関東方面にも販売しているが、そこで得たお金も、なるべく地域内で使おうとしてきた。我が家に入ったお金ではあるけれど、それは同時に地域に入ったお金でもあるわけで、それをできるだけ地域内で回そうと努めてきた。

それをそうせずに、たとえば大型ショッピングセンターなどで使ったとするならば、そのお金は即、地域外に出て行ってしまい、地域には残らない。このようにお金が地域から外に流れる仕組みは、コンビニを含め、網の目のように張りめぐらされていて、いくら外からお金を稼いできても、間をおかずに地域外に出て行ってしまう。少しでもお金を地域で回すためには、「出る」を少なくし、自給度を高めていくこと。必要なものはなるべく地域で求め、地域の資源や地場流通の仕組みを活用すること。そこからだろう。

ただその課題を地域づくりとして具体的に構築していくとなれば大変なことだ。我が家とその隣組と……というわけではない。当然のことながら一介の住民では難しい。理念としてならばそれは分かるが、それを具体的な地域づくりにどう活かしていけばいいのか。

一〇年ほど前から構想して、仲間と進めてきたことがある。構想の柱は、グローバリズムに振り回されない暮らしと農業の結びつきを築いていこうとすること（今は、それが電力の自給自足の取り組みにまで拡大している）。求められているのは生きるための地域づくり、生存のための仕組みづくりだ。

次に紹介するのは、気恥しいが、全国農業共済協会発行の『月刊NOSAI』（二〇一二年一月号）に掲載された拙文の一部だ。少し長いがここに掲載する。

新自由主義に基づくグローバリズム。今、それを反映したTPPは農業部門だけではなく、生活のあらゆる領域にその影響を及ぼし始めている。

二〇二一年現在、TPPの三文字はあまり見なくなっているが、だからといって消えてしまったわけではない。この巨大企業を利する政策は今もしっかりと機能し、国家や社会、人々の上に君臨しながら世界を自分たちの都合のいいように操作し、変えようとしている。この文章を書いた当時は農協を含め、TPPから地域と地域農業を守る運動が全国的に広がっていた。

私は、TPPに反対する人々の全国的な連携をはかりながら「TPPに反対する人々の運動」を全国の仲間たちと共に立ち上げ、また「ストップTPP・山形県民アクション」を県内各団体と共に立ち上げ、農作業の合間をぬって走りまわっていた。必死だった。そんな中から書いた文章だ。その時の気負いが勝っていて、少し読みづらいところもあるだろうし、今読み返しても上っ面を滑っているような歯がゆさを感じるが、その後に続く「置賜自給圏」への私自身の一つの足がかりとなる文章としてお読みいただけたらありがたい（ここに掲載しているのは、書いた文章のすべてではなく、要点だけに絞り、その他の部分は省いている）。

希望への前提条件について

前提の一 〝土はいのちのみなもと〟のうえに立って

長年、農業に就いてつくづく思うことは、「土はいのちのみなもと」ということだ。

かつて山形県でキュウリの中からおよそ五〇年前に使用禁止となった農薬の成分が出てきて問題になったことがあった。五〇年経っても土の中に分解されずにあったのだろう。そこにキュウリの苗が植えられ、実がつき、汚染されたキュウリができてしまったということだ。また、隣の市では、かつてお米からカドミウムが出たこともあった。

つまり、作物は土から養分や水分だけでなく、化学物質から重金属まで、身体に良いもの、悪いものを問わずさまざまなものを吸い込み、実や茎や葉に蓄えるということだ。それらは洗ったって、皮をむいたってどうなるものではない。何しろ作物に身ぐるみ、丸ごと溶け込んでいるのだから始末が悪い。土の汚れは作物を通して人の汚れにつながっていく。

土を喰う。そう、私たちはお米や野菜を食べながら、それらの味と香りにのせてその育ったところの土を喰っている。私たちはさながら土の化身だ。土の健康は即、人間の健康に結びつく。食を問うなら土から問え。いのちを語るなら土から語れ。健康を願うなら土から正そう。生きていくおおもとに土がある。そういうことだ。

このことは我々のみならず、百年後の人たちにとっても、二百年後の人たちにとっても変わらない。まさに土は世代を超えたいのちの宝物だ。

政治や行政の最大の課題が、人々の健康、すなわちいのちを守ることであるとすれば、そのいのちを支える土の健康を守ることは第一級の政治課題でなければならない。

さて、近年、外国から多くの農作物が入ってくるようになった。TPP（環太平洋連携協定）が締結されたが、その結果として、農水省の調査によると国の食料自給率は一四%まで下がる可能性があるという。そうなれば八六%は諸外国からの作物だ。それらの作物を食べながらさまざまな国の土を食べることになる。当然のことながらその土の汚染度合いも疲弊度合いも分からない。国民の健康で安心な暮らしが量的のみならず、質的にも不安にさらされることになろう。

他方で、海外から押し寄せる作物の安さに引きずられ、国内の農業はより一層の低価格を実現すべくコストの削減を進めざるを得ないだろう。農法は農薬、化学肥料にさらに傾斜し、土からの収奪と土の使い捨て農業が広がっていくのではないかと危ぶまれる。

私たちに求められているのはこのような道ではなく、土をはじめとしたいのちの資源を守り、その上に人々の健康な暮らしを築いていくことである。大げさに聞こえるかもしれないが、そんな新しい人間社会のモデルを広くアジアに、世界にと示していくことこそが日本の進むべき道ではないのかと思うのだ。

土を守り、土に依存することによって生きる。土は世代を超えたいのちの資源なのだ。この食と土とのいのちの関係を抜きにし、面積や、規模だけを追う農業政策はすでに過去のものとしなければならない。肝心なのは土と人とのいのちの関係を基礎とすること。その視点に立って、土に有機物や堆肥を投入し、農薬、化学肥料を極力軽減することが可能な政策、生産体制を築くことである。これが前提の第一だ。

前提の二　国民皆農を織り込んだ新しい道

個人的には、家族農業（小農）をそれ自体としてどう守るかというだけではなく（その課題はとても大切だが）、たとえば、農を志す都会の若者たち、農を織り込んだ暮らしを実現したいと思う市民や、自給的な生活を望む人たちにも広く農地を開放するような仕組み。農民的土地所有（利用）から市民的土地所有（利用）への転換。望めばできる国民皆農への道づくりなどを織り込みながら、新しい生産のあり方、暮らしのあり方を提案する。

国民皆農といえばとんだ現実離れした話と言われそうだが、決してそうではない。今のロシアにその実例をみよう。ロシアのダーチャ。それは農業とは別の職業をもつ人々が、休業日を利用して自らのための食料を生産できる農地利用の仕組みのことである。このダーチャによって、一九九一年、ソビエト連邦が崩壊しロシア連邦になった政治・社会体制の激変時においても、国民生活はそれほど混乱することもなかったという。ロシアではこのダーチャのもと、都市の住民によって準主食であるジャガイモの八割、野菜の七割以上が、生産されている。わずかな年金しか受け取れない年金生活者にとっても、ダーチャの産物を自給に回し、余ったものは換金の対象にすることができるという。

この市民的な農地利用が、日本でもロシアのように国の自給率の多くの割合を占めるようになるにはずいぶん時間もかかるだろうし、それに見合う暮らしや労働のあり方、教育など、社会全体の仕組みも変えていかなければならないだろうが、決して不可能なことではない。

すでに日本では家族農業（小農）を守ろうというだけではどうにもならない現実がある。しかし、だからといって、企業農業がその代替となるとはとうてい思えない。家族農業か然らずんば企業農業かではなく、それとは違う価値、それとは違うつながりのもとに、「環境」、「循環」、「健康」、「福祉」、「自給」、「教育」そして「参加」を織り込んだ新しい農（土）と人々の関係を築いていくことが求められている。効率だけを追い求めてきた「成長神話」の中で、土から離れ、自然から離れ、人と人との結びつきもバラバラになってしまったかに見える社会のただ中に、土と食、土と暮らし、人と人の共同の原点に立ち返って、足元からもう一つの仕組みを創りだしていこうということだ。求められているのはこのような成長だ。

農業の一層の大規模化とケミカル化。挙句の果ての食の海外依存という道ではなく、家族農業（小農）と日本型「ダーチャ」の組み合わせ。これを次世代型農業の柱として政策化すること。これが前提の第二の条件であろう。

前提の三　自給的生活圏の形成を

話は少し変わる。原発の話だ。以前、以下のような文章をある新聞に書いた。その抜粋だがお読みいただきたい。

地方に建設された原発は、地方の貧しさに付け入った政治の醜い姿をあらわしている。そのうえでの今回の放射能被害。地方は息の根が止められる事態に追い込まれている。

以前、「朝まで生テレビ」で猪瀬東京都副知事（当時）は「原発を都心からもっと遠くにもっていく必要があった。それが失敗だ」と話していた。原発が必要だという人たちに共通しているのはその果実だけを求め、それを食べ、生まれるリスクを自分（たち）で背負わず、遠く離れた地方に押し付けようとすることだ。未来の子孫に肩代わりさせようとすることだ。今もなお原発が必要だというならば自分（たち）の暮らしの場に原発を誘致するよう働きかけるべきだろう。さらに放射能汚染水も小分けしてそれぞれの地元や企業、家庭で引き受けるべきだろう。そのように働きかけとセットにして原発必要論を語るならば認めよう。果実とリスクを併せ呑むよう足元を説得してみればいい。それ以外のどのような必要論も詭弁である。地方を利用しようとするな。地方は都会に奉仕する家来ではない。地方は都会の植民地ではない。

都会の家来でなく、植民地でもなく、エネルギーから食料まで、小さくてもしっかり地域に根を下ろした自給圏の形成を目指すことが求められている。農業を基礎にした脱原発、脱成長の循環型社会を目指すこと。その余剰を他の地域に回す。この点では地方も都会もなく、一様に自立する。日本の社会をこのように構成し直すことが求められている。「3・11」以後、少なくとも意識レベルでは生き方、暮らし方を変えようと考える人たちも多くなっていると聞く。不幸な中にも希望はある。この機を逃すことなく、エネルギー政策も食糧政策も新しく組み替えることが大事ではないかと思うのだ。

このように電力のみならず食糧においても、大都会を優先してきた生産地と消費地の関係の転換を図ることが第三の条件だ。

地域自給圏を全国に形成する。昔、小学校の工作で色を塗った卵のカラを砕き、それをモザイク状に貼って、さまざまな絵を作ったことがあった。そのときのように、さまざまな形をした自立した地域の集合体として日本列島を構成し直すのだ。圏内の農地を活かし、足りないところをなるべく近い県から支援してもらう関係を築くことで、災害に強い、自給的な地域に脱皮していくことができる。「国家的自給」の前に「地域自給」を。これによって日本の農と食の関係が今までとは全く違ったものになっていくだろう。

日本の「食料・農業・農村への提言」を論ずるにあたって、今や小手先の手直しではどうなるものでもないということをはっきりさせなければならない。抜本的な視点からの政策が求められるところだ。もとよりこのことはTPPとは両立することはできない。

置賜自給圏に向けて歩み出す

置賜地方は山形県の四分の一のエリア。米沢市を中心にした三市五町の二四万人が住むエリアだ。三万人の長井市とは規模が違う。長井市の経験とはまた違う視点が求められる。

「菅野さん、まず構想の骨子を書こうよ。それをもとにまとめてみよう」

前掲の『月刊ＮＯＳＡＩ』（二〇一二年一月号）をきっかけに、まず仲間が集まり、自由な討論を行った。そして少しずつ構想が練られていった。

もちろん農業の合間を利用してのことだが、すでに二〇〇五年から息子の春平が農作業の中心になっていた。私の仕事は週三回の卵の配達と集金、毎月のお米の注文の取りまとめと発送整理、お米と卵の通信の発行などに変わっていて、肉体的にはずいぶん楽になっていたが、その頃になると地域の役がたくさんまわってくるようになっていて、けっこう忙しかった。地域で経験した方なら分かるだろうが、その役は回り番になっていて、我が家を省いてくれというわけにはいかない。中には年に一〇〇回以上も出なければならない役もあり、なかなか大変だ。それでも息子のおかげで、一日が終わったあとでも、夜の会議に出たりする体力は残っていた。

意見交換

そして、間もなく「置賜自給圏」に向けての概略、「構想案」ができあがった。幸いにもいろんな能力に長けたさまざまな友人たちがいた。あの文章を預かってくれたのはもと県庁に勤めていた友人だ。あのどちらかと言えば情緒的な文章から無駄を省き、もっとすっきりとしたものに仕上げてくれた。あわせてフロー図も。

二〇一二年の九月、その置賜自給圏への「構想案」をもとに、主に長井市のレインボープランに関わってきた仲間たちと、置賜百姓交流会の仲間たちが集まり、意見交換を行った。このあたりはまだ、構想実現への具体的な展望はもっていなかった。だが構想を実現させるにあたって必要なことは、かっての保守だ、革新だ、あるいは○○党系だというような政治的な枠組みにとらわれない生活者・住民の事業としての広がりをもち、市民と関係団体、自治体が相互に連携する共同事業として育てていかなければならないこと、できれば県の置賜総合支庁に事務局的な役割を担ってもらえたなら心強いなどと話し合っていた。単なる同好会のような同じ色合いをもつ者同士が集まって、何かをしようとは始めから考えてはいなかった。この構想はそれでは実現できない。それぞれ異なった考え、異なった価値観、異なった生き方をしてきたものたちが、相互の違いを認め、尊重しながらつくり上げられる幅の広い連携。この中から「自給圏」が生み出されていく。その辺は長井市のレインボープランから学んだことが多い。

仲間たちとの議論の中では、この構想の必要性に疑問を投げかけたものは誰もいなかったが、人口二四万人の地域の中に実現しようという事業の大きさと、「構想案」を囲んで話し合っている自分たちの力量との落差に話が及ぶたびに、楽天的な笑いが生まれていた。どんな事業もここから始まる。

十月、置賜地方の三市五町の中の、友人である一市二町の首長さん三人に集まってもらい、計画の妥当性、その実現性について意見をもらう。一通りプレゼンしたあとに率直な感想を述べてもらったが、ここでも肯定的な意見をいただくことができた。

県知事への要請

まず、「構想案」のもとに、置賜圏内各界各層の幅広い人たちに集まってもらい、検討委員会を立ち上げること。県がそのための事務局を担ってくれるかどうか。当時は置賜圏内から幅広い人たちに集まってもらうためにも、構想への県の参加が事業の成否を決定すると思い込んでいた。

機会を得て、県知事に直接面会し、直に「構想案」を説明するとともに、県がその事務局を担ってくれるよう要請すべく機会をうかがっていた。それがようやく実現の運びとなったのはそれから約半年先のことだった。紹介議員は我が町の選出県議（当時は県議会議長）。自民党県議であり、置賜地方の農業共済組合の理事長でもあって、早くから「構想案」について意見を交わしてきた人だ。

知事からは約三〇分の時間をもらった。ここでの時間がすべてを決定する。そう覚悟し、仲間と共に力を込めて趣旨を説明し要請を行ったのだが、知事の関心はそこにはなく、もっぱら今までと同じように外貨獲得や雇用の創出など、農業の産業政策や国の提唱する六次産業化であって、自給圏構想などの地域政策には全くなかった。それらは今までも繰り返しやってきたこと。それでも農業の凋落に歯止めがかからない。もちろん産業政策や、六次産業化はこれまで通り進めなければならないだろうが、これだけではだめで、だから自給圏への取り組みが求められているわけだけど、いくら説明しても取りつく島がなかった。事業は、県当局に事務局として参加してもらわなければ到底進まないと思い込んでいただけに、大いにがっかりして県庁をあとにした。

翌日、紹介してくれた県議に県庁でのやり取りを報告し、「実現にはどうもあと一〇年はかかるようです」と述べた。県議は「農家の平均年齢が六七歳と言われているのに、あと一〇年は長過ぎる。他にやりようがないか。応援する」とのことだったが、しばらくは静かに考えてみようと判断せざるを得なかった。

「置賜自給圏構想を考える会」設立

もう一度、気力を回復し、再び実現に向けて動き出すことができたのは、やっぱり人の力だ。民主党が進めるTPPに同じ方向で闘っていた自民党の国会議員がいた。「私も手伝いましょう。それぞれの自治体のやる気のある若手職員に声をかけ、勉強会から始めませんか」との意見をもらう。自民党ではあったが、その限りでは本気だったと思う。友人の生協運動のリーダーからも「食の危機です。一緒にやりましょう」との力強い意見をもらう。過半数に少しだけ足りずに涙をのんだ野党の前参議院議員からも「TPPに反対することだけでなく、それに壊されない地域を創らなければ……私も参加します」と。置賜の一人の現職町長からも「自治体が政策的にやることはほとんどやってきているが……。菅野さんたちが歩もうとする方向は間違っていない」と。

他にも同調し、集まってきてくれた人たちがいた。この人たちと力強い第二ステージの舞台が始まっていく。

「県を頼みとするのはやめましょうよ。住民サイドから積み上げていきましょう。結局はそこの力が地域を創っていくのですから」

生協関係者から決意の伴った貴重な意見が出された。そう、確かにレインボープランでもそうだった。運動の原点を忘れていたわけではないのだが、手っ取り早さに走ってしまっていたのかもしれない。当面、県庁から離れよう。

二〇一四年一月、市民団体、地方議員、若手国会議員の秘書や前参議院議員、首長、生協関係者、農民団体などでやがて「幹事会」と呼ぶ取り組みの核がつくられた。以後、ここが事業推進の中心となっていく。幹事会では趣意書の中の自給圏の内容をもともとの「食と農」だけでなく、「自然エネルギー」、「森と住宅・建築物」、「教育」などにも広げていくことが話し合われた。今までの仲間たちと、より広い範囲から集まった人たちの合流が、「構想」とそれに取り組む我々自身を、より深く、より広くより強くしていく。共に考え、話し合い、作業を分担し、第二ステージは急速に進んでいく。

二〇一四年二月、さらに馬力をかけて「置賜自給圏構想を考える会」の四月立ち上げを目指して、趣意書の作成と呼びかけ人の人選を始めていった。農民、大学の学長、教育関係者、温泉旅館関係、農産物加工、生協、酪農組合、国会議員など、関係すると思われる多くの業界から、キーとなる方々を選び、呼びかけ人となっていただくよう要請してまわる。この要請にはどなたも断ることはなかった。それだけ現実が切羽詰っていたからだと思える。こちらが逆に煽られることも少なからずあった。

二〇一四年四月一二日、「置賜自給圏構想を考える会」の設立総会が三〇〇人を超える人たちの参加で行われた。会場には置賜《おきたま》一円から参加した農民団体、森林組合、青果市場、旅館業組合、大学、教育、市民団体、生協組合員、自治体などの多くの関係者や市民が詰めかけた。

壇上には各界各層の一一人の呼びかけ人たち、二人の現職国会議員や三市五町の市長、町長たちが並んでいる。設立総会は呼びかけ人代表で有機農業の草分けである星寛治氏の格調高い挨拶で始まった。続いて設立の趣旨説明が行われた。

そこで提案された骨組みは、食と農の自給的・循環的な関係の構築を柱としつつも、さらに自然エネルギーや森と住宅、教育など、より枠組みを広げた以下のような内容だった。それは、我々自身の成長の結果というよりも、地域の中からの声が反映されたものである。

置賜自給圏への取り組みを通して、自給圏外への依存度を減らし、圏内の豊富な地域資源の活用によって地域経済を好転させ、新しい地域のあり方を考えていこう。具体的構想として次の四つを提案する。

①地産地消に基づく地域自給と圏内流通の推進（食、エネルギー、木材など）
②自然と共生する安全、安心な農と食の構築
③教育の場での実践
④医療費削減の健康世界モデルを目指すこと

これらに挑戦していこうと力強く提案された。会場を期待と情熱がおおった。ここから日本が変わる。そんな気負いをもったスタートだった。

マスコミ各社は大きく紙面を割き、この設立総会を報じてくれた。

この取り組みの行程で各界から寄せられた声を紹介したい。

そのほとんどが「構想」を歓迎する声であり、同時に業界を超えて同じような意見が寄せられたことが特徴的だった。

★地域経済の退潮はどうにもならないところまで来ている。国が何とかしてくれるだろうと思って動かないでいたらとんでもないことになる。置賜は置賜で何とかすべきだ。

★日本の食料をどうするのかなんて分からない。だけど、我が家のことならば分かる。地域の食をど

うするのかも手の内だ。ここでしょう。
★農家もそうだけど、地域も同じだ。自立して自分たちが生き残っていく方法を自分たちで考えながらやっていくことだね。
★国レベルならできない。けど、置賜ならばできるよ。
★それぞれの自治体ではほとんどやれることはやってきた。案を出し、協議し、力を尽くしてやってきたと言えるのだが、でもこの状態だ。どうにも出口が見えない右肩下がりの中にいる。そんな中で、民間から何かを始めようとする動きが出てきた。行政と市民、関係団体が一緒になって取り組めば今までとは違った成果が生まれるのではないか。

一般社団法人「置賜自給圏推進機構」誕生

「置賜自給圏構想を考える会」の設立総会から四カ月後の二〇一四年八月二日、「考える会」は「一般社団法人　置賜自給圏推進機構」と名称を改め、部会を立ち上げることを確認した。それは①再生可能エネルギー部会、②圏内流通（地産地消）推進部会、③地域資源循環農業部会、④教育・人材部会、⑤土と農に親しむ部会、⑥食と健康部会、⑦森林等、再生可能資源の利用活用研究部会、⑧構想推進部会の八つである。そのうえで会員と賛同人を自給圏内外に求めていこうと呼びかけられた。

いよいよ動き出した。言うまでもなく、我々の未来は我々が創りだしていくものであって、誰かから与えられるものではない。その意味では置賜の生活者たちが自分たちの未来づくりのために相互に連携しながら歩み出したということだ。置賜を一つの自給圏としようとして、人々が連携して地域づくりを進めていく。これは上杉藩廃藩以来、初めてのことなのかもしれない。

第十章　それは突然やってきた

二〇一七年九月六日。

昼食後のガランとした地元のレストランの一室。東京から来た八人ほどの青年たちを前に置賜自給圏の取り組みについて話していた時だった。話しながらだんだん気持ちが悪くなってくる。二日酔いのような……昨夜の酒が良くなかったのか。最初はそう思っていたが、そのうち思うように言葉が出なくなってきた。身体の芯から力が抜けていく脱力感も。話すのも難儀になってきた。これはおかしい。こんな感じは今まで経験したことがない。何かが始まっている。

「話は中止だ。申し訳ないが今からすぐに俺を病院に連れていってくれ」

青年たちに、急いで私を地域医療の中核を担う公立置賜総合病院に運んでくれるようお願いし、まわされた車の助手席に乗った。家族に異変を知らせようにも、あれほどひんぱんに使っていた携帯電話の使い方が分からない。気が動転しているからか？　それとはどうも違うようだ。これも異変の一つか。車は二〇分ほどで病院に着いた。救命救急のベッドの上。看護師たちが慌ただしく私の周りを動いている。「脳出血ですね」との医師の声を聞く。私はどうなってしまうのか。ぼんやりとそんなことを考えていた。

幸運だった。きっと近くを八百万の神様のどなたかが通り過ぎようとした時だったに違いない。その衣服のどこかをつかんだのだろう。何とかいのちは助かった。数日して集中治療室から個室にまわされ、やがて間をおかずに四人部屋に移ることができた。

脳出血で倒れたと聞けば、助かっても言語障害とか、手足の機能障害とかの何らかの重い後遺症がつきものだ。今までもそんな実例をたくさん見てきたし、実際、友人にも重篤な後遺症に苦しんでいる人がいる。私の場合は処置が早かったからだろう。幸いにも話すこと、歩くこと、書くことなどの基本動作への大きな影響はなかった。ただ、計算能力、漢字を書く能力には少なからぬ影響が出ていた。高次脳機能障害というらしい。

たとえば「5+2=」などの瞬間的に答えが浮かぶものはいいのだが、「15-7=」のように繰り下がり（繰り上がり）のある計算はできにくくなっていた。二桁以上になると、なんぼ繰り上がったのか、繰り下がったのかが瞬時に忘れてしまい、覚えておれない。よくやるようにノートの空白部分に小さく数字のメモを残しても、何のためのメモだったのかが分からなくなってしまう。

他にも漢字を書く能力は小学一年生なみになっていた。新聞は読めても記憶に残らない。文章も同じ。読んだあとから忘れていく。だから文の大意がつかめない。果たしてそれらは回復するのか。傷ついた脳に再び力が戻ってくるのか。

「六カ月の壁」ということを聞いたのは倒れて間もない頃だ。失った能力が回復しやすいのは三カ月間。それを過ぎてもさらに三カ月間は穏やかに回復するが、半年を超えたらなかなか難しくなるというものだ。どれだけ医学的根拠があっての言葉なのかは分からないが、頑張る意欲をかき立てるに十分だった。やるしかない。

毎日、小学一年生の計算ドリルや漢字と格闘していたが、いくら頑張っても進歩が感じられなかった。もともと肝心の脳の一部が障害を受けたのだから仕方ないことなのか。どんなに努力をしても無駄で、今はできない現実を受け入れるしかないのか。実際に無いかもしれない出口を探すような心細さを感じていた。暗闇の中のもがき。それでも起きてから寝るまでのほとんどすべての時間をこれに充てていた。一カ月、二カ月……私にはそれしかなかった。

リハビリの日々

リハビリセンターでの訓練は、身体の運動機能に関する「理学療法」と、もう少し細かく、生活するうえでの機能の回復を図る「作業療法」、読み書き、話すことに関わる「言語聴覚療法」という三つの分野に分かれていた。それぞれが五〇分から六〇分、合わせて三時間弱を一セットとして、毎日繰り返されていた。あとは自由時間。でも私はその自由時間こそ本当のリハビリの時間だと考え、自主トレに励んでいた。

「実際はな、一日一セット三時間では足りないんだよ。だけど点数の枠があって国民健康保険の中に経費を収めようとしたら、そのぐらいの時間しか取れない。医療的にいって、それで十分だからそうしているのではない。ここを間違えるなよ。だから、与えられたメニューとは関係なく、リハビリに励むことが肝心だ」

このように忠告してくれたのは医療関係に勤めていた友人だ。そんな助言や、「六カ月の壁」の話もあって、早朝から消灯時間になるまで、いや、消灯になってからも小さな照明をつけて、計算や漢字ドリルなどに取り組んでいた。努力の方向ははっきりしている。ただ成果が出るかどうかは定かではなかった。でも、向かっていくしかない。

「菅野さん、あまり無理をしないでよ。身体を壊したら何にもならないからね」

そう声をかけてくれたのは、時々顔を合わせる看護師さんだ。自分では無理をしているつもりはなかったのだが、外から見たらそのように見えたのだろう。

さらにもう一つ、がっかりする出来事があった。医師から「あなたは視界の半分しか見えていません。出血によって神経が損傷しています。『半盲』状態です。免許証は難しいかもしれません」と告げられたのは入院して一週間が過ぎた頃だろうか。運転免許証は無理……。病気をきっかけにして、暮らし方、生き方を変えなければならないことは分かっていた。変えようとも思っていた。だけど車が無いとなると……山あいの村の暮らし。スーパーまでは歩いて片道一時間。暮らしも農業もできにくくなる。「壊れた細胞は戻りません。快復することはありません」。医師はこう告げた。

その言葉が頭をめぐる。考え始めたら眠れない日々が続いた。友人は「その分、弱者の心が分かる人間になれるよ」などと評論家のようなことを言っていたが、本人にしてみたらそれどころではない。一〇〇歳の母を抱え、車の苦手な妻と一緒に、足がない中でどう暮らしていくのか、失意の中で、答えのない煩悶を繰り返していた。

そんなある日、入院して三〇日ぐらい過ぎた頃だろうか。リハビリセンターの薄暗い食堂の片隅で一人、いつものように算数のドリルをやっていた時のことだった。突然……あれっ、もしかして……できる？　繰り上がり、繰り下がりの計算の手掛かりが見つかったかもしれない。突破できたかもしれない。そんな感じが生まれた。それが確信に変わった時には……、暗闇から抜け出す小さな出口が見つかったこと。障害は克服できる、そんな希望が見つかったこと。それがうれしくて、うれしくて……顔を伏せたまま泣いた。それだけ追いつめられていたのだと思う。

今、失った力の八割は戻ってきてくれた。算数の加減乗除は何とかこなせるようになった。小学生低学年の漢字の三分の一は書けるに違いない。小説も意味をおさえながら読めるようになったし、文章も何とか書けるようになってきている。そして同じ頃、半盲状態の視力も改善されて、ありがたいことに車の運転は大丈夫になった。

リハビリの力というよりも、もちろんそれもあろうが、脳を圧迫していた腫れが引き、血液の流れが順調になって脳組織の自然修復が起きていたのかもしれない。

四五日の入院生活。限りある人生をどのように生きるべきかを自分に問う得難い機会を得たと思っている。何を捨て、何を守るべきか。どう生きることが大切か。そのことを考えている。なかなか答えはないけれどこれだけははっきりしている。しっかり生きなければ。

二〇二〇年三月。二〇一七年九月のアクシデントからすでに二年半が過ぎている。計算や漢字が極端に苦手だということは相変わらずだが、それはそれで計算機や辞書があるから時間をかければ何とかなっている。でも、回復がなかなか進まないのは気力だった。置賜自給圏の「大豆プロジェクト」など、倒れる直前まで取り組んでいた課題がある。周りには仲間たちもいるが、ここは私が中心になってタスキ渡しをしなければならない課題だと思っている。それは分かっているが、肝心の気力が湧いてこない。二年半経ってもなかなかやる気が生まれない。

自給圏の仲間たちからは、「菅野さんはいてくれるだけでいいから無理をせず、見ていてくれ」というありがたい言葉もいただくが、それで満足できるわけがない。友人は、からかい半分に、気力が湧かないのは歳のせいだと言うが、それとは違うようだ。自分では高次脳機能障害の一部だと思っている。だから、日常生活自体が一番のリハビリだと考え、「俺はダメだ」と必要以上に自分を傷つけず、力が戻ってくるのをゆっくり待つ。そう思いながら、二年半たった。それが良かったのか、ここに来てようやく気持ちが膨らんできた。

「すでに七〇歳」という人もいるが、何を言っている。人生まだまだこれからさ。私の生き方を決めるのは志と情熱であって、自然年齢ではない。

今、思うこと。そして「タスキ渡し」

高齢化した農家や小規模農家を対象に、農業法人やそれを目指す大規模農家に田んぼを任せろ、そうすれば離農補助金を出す。また、今まで農業機械の更新や高額な修理費の一部を補助してきたが、小規模農家をその対象から外す。ただでさえコメが安いのにこれではとてもやっていけない。それを知りながら政府はそこに農家を追い込む。こんな露骨な小農つぶしが続いていて、小農、家族農業は今や絶滅の危機にひんしている。

日本の水田平均耕作面積は二〇二〇年調べで二・五ヘクタールだが、それを政府は山間地で二〇ヘクタール、平地で三〇ヘクタールを目指すという。そうなれば化学肥料と農薬にいっそう依存する農業とならざるを得ない。環境や生態系に与える影響も大きい。またその政策は村社会の崩壊を一層促進することになるだろう。大規模化では村に人は残れない。煎じ詰めて言えば、食べる者、作る者、暮らす者に決して貢献しない。そのような大規模化はいったい誰のための、何のための大規模化なのか。それによってもたらされるのは価格の安さだとしても、そこまでの安さを誰が求めているのか。果たしてそれが人々のいのちと食と健康と、それを守ってきた数千年の村の農の営みを破壊してまで求めなければならないことなのか。根本から問わなければなるまい。

さて、我が家（菅野農園）は四・三ヘクタールの水田と自然養鶏を中心にした小さな循環型の家族農業だ。キャッチフレーズは「土といのちとの循環の下に」。循環を大切にしているという点では以前も今も一貫して変わらない。

農業を志して四〇年余り。おぼえておいでだろうか。四一ページに書いた「俺の憲法」。ほぼそれに沿って暮らしてくることができた。今、中心になってその世界を担っているのは息子の春平。おかげでニワトリは千羽に増え、田畑の肥料はすべて鶏糞でまかなうことができていて、化学肥料は一切使わない農業を続けている。もちろん殺菌剤、殺虫剤もほぼ使わない。作物は玉子やコメに納豆など。それらを定期的に届けている消費者の数は、地元や都会に二〇〇人ほどにのぼり、「玉子通信」や「お米通信」を中心にいい交流を続けている。

鶏舎の周りに植えた梅や桜は大木となり、私の二人の子どもたちはニワトリたちと戯れながら大きくなった。今は孫たちが同じようにニワトリたちと戯れ、木登りを楽しんでいる。かつて思い描いたように梅の樹々は香り豊かな花を咲かせ、その実は果実酒となったり梅干しとなったりして我が家の暮らしを楽しませてくれる。

ここで改めて、来し方を振り返ってみると、農民としての俺の歩みを支えてくれていたのは「俺の憲法」の力だったと気づく。

今度は息子が自分の「憲法」を書く番だ。どんな憲法を書くのだろうか。傍で邪魔せずに見ていたい。

その柱である息子の春平は二〇二一年現在で三八歳。村の中堅だ。母屋の隣に自分の家を建て、妻と三人の娘との五人暮らし。農作業のほかにも消防団や農協青年部、商工会議所青年部の一員として地域活動にも熱心に取り組んでいて、レインボープランの委員も務めているようだ。近所からは「よく働くねぇ」と評判だが、誰に似たのか。俺でないことははっきりしている。もちろん俺もよく働いたとは思うが、今の息子ほどではなかった。俺の場合は、トラクターに草刈り機械を積んで、両親には山に草刈りに出かけたふりをしながら、その実、山に着くと荷台に寝っ転がりながら、夕方まで好きな本を読んでいたなんてよくあったし、これができるのも農民生活のおもしろさだと思っていた。彼を見ているとそんなことはない。もう少し休めと言っても決してウンとは言わない。

正月準備の餅つき

息子がやるようになって、水田面積やニワトリの羽数が増え、現在の規模になった。コメには原則、殺菌剤、殺虫剤、化学肥料は使わない。卵を産むニワトリは自然養鶏。放し飼いだ。それに無農薬小粒大豆で作った納豆。コメ以外は地元優先に販売し、一部首都圏の消費者にも送っている。大売れするわけではないが、まあ、何とか農業で暮らしている。

孫三人はまだ小学生。六年生になった長女はいずれお婿さんを迎え、その人には農業をやってもらうと言っている。三人とも父親が好きだ。こんな親子の関係は、「地域づくり」に夢中になっていた俺には到底できなかったこと。息子はたぶん俺を反面教師にして、彼らしい家庭をつくろうとしてきたのだろう。

私の農民としての四十数年間は、地域農業を守る、小農を守る、環境を守る、食の安全を守る……そんな思いをもって歩み続けた日々だった。減反への反対運動も、農薬の空中散布を中止に追い込んだ取り組みも、子どもたちとの夜学校も、百姓の国際会議・国際交流も、レインボープランも、TPPへの反対運動も、置賜自給圏も……。すべては農業を守る、村を守る、村の暮らしを守る、地域社会を守る。そんな気持ちをもちながらの、やむにやまれぬ取り組みだった。今振り返れば「守る」ことがやたら多かったように思うが、それらは本来「保守」政党がやるべきことだった。彼らはやるべきことと逆のことをやってきていたのだが、ここではそれにふれない。

そして今、大勢の人たちの頑張りにもかかわらず、小農（家族農業）は「佐渡のトキ」のような絶滅危惧種として、瀕死の状態の中にある。そこにかぶせるように、農薬汚染、食の汚染、遺伝子操作など……次から次といのちの世界を傷つける事態がやってくる。その背景にはグローバリズム、農業関連巨大企業、それらの利益を代行する政治がある。相手は強大だ。そんな中で、俺たちにはそれとは違う希望の未来を築く道はないのだろうか？　いや、ある。決して諦める必要はない。世界的に見ても日本政府の小農つぶし、家族農業つぶし、そして大規模化、ケミカル化政策は明らかに少数派だ。それは人々の希望に逆行している。時代は、そして次代は我々の側にある。

健やかに育つ「いのち」と共にある家族農業、小農。それらが織りなす村社会。都市と農村との豊かな連携。それを包む日本。これらを具体的に築く取り組みは今も全国に存在する。私もそのために闘うことを諦めない。この大きな闘いに私たちはきっと勝つだろう。時代の大きな流れは我々の勝利を約束してくれている。ん～、こんなふうに書くと、昔、学生運動に夢中になっていた頃を思い出すし、進歩してねえなぁ、オレ……とも思うが、本当にそう思っているのだから仕方がない。

さらに言えば我々には強固な闘う「砦」がある。決して崩落することのない「要塞」がある。その砦、その要塞こそ、どんな中にあっても希望を求めようとする人々の思いだ。子どもたちの健やかな未来を守ろうとする人々の願いだ。これらの要塞がある限り決して負けることはない。「地域のタスキ渡し」は、その思いの中でつながっていく。

〈解説〉
天と地を飲み込む

大野和興（農業記者）

菅野芳秀を書く場合、何から書き始めるかでまず悩む。彼が人生を通して描き続けている世界はとても大きいので、どこを切り口にしたらよいのか。しかし、中心軸はあるはずだ。やはりこれしかないと考えたのが、百姓菅野芳秀の百姓たる起点、彼の田んぼと畑とニワトリがつくり出している世界である。ここから出発して、菅野芳秀の思想と行動の流れを追ってみる。

農業は循環の世界だ、というのはよくいわれる。農業だけでなく、この地球の生命層、その上にかぶさる生活、経済、社会はすべてが循環と、その循環が作る関係性の上に存在する。

一九八〇年代終わり、山形・置賜地域をしばしば訪れた。武藤一羊さんが率いていた市民団体アジア太平洋資料センター（ＰＡＲＣ）がアジア太平洋地域全域に呼びかけ、民衆の未来を考える「ピープルズ・プラン21世紀（ＰＰ21）」という一大イベントを構想した。この列島全域を拠点に、さまざまな分野の民衆運動の交流と討論の場をつくろうという壮大な催しだった。ぼくにも武藤さんから呼び出しがかかり、農民部門の国内コーディネーターを仰せつかり、その嵐に巻き込まれた。置賜での農民交流は置賜百姓交流会が実行委員会をつくってやった。刺激的で飛び切りおもしろかった。菅野芳秀はその中心に座っていた。彼とは初対面ではなく、その一〇年前の一九七九年、東北を中心に全国の威勢の良い農業青年たちが東京に集まって減反反対デモをやった。そのことを聞きつけて、大手町の農協ビルで働く農協青年労働者と一緒にそのデモに参加したとき、彼がいた。でかくてひときわ目立つので忘れようがなかった。彼が三里塚闘争で実刑を食い、沖縄に流れて金武湾闘争に身を投じて百姓になることを決心、故郷に帰ってきて代々百姓の家を継いで間もない頃だったのだろうと思う。

百姓仕事とPP21の準備の合間を縫って、彼は自分の百姓空間を案内してくれた。彼が住む長井市寺泉は二、〇〇〇メートル近い山並みが続く朝日連峰を背中に背負って、その山すそがなだらかな傾斜を描くところにある。連峰に降った雪や雨は森に吸い込まれ、谷を下り、緩やかな斜面に拡がる田んぼに注ぎ込まれる。その麓の街道沿いの、庭にリンゴの古木がある家で彼は育った。道の向かい側に鶏舎がある。平飼いの自然養鶏で、天気の良い日は鶏舎から出して放し飼いする。外に出た鶏は土を食べ、草をついばみ、自由気ままに動き回る。放牧養鶏といってもよいかもしれない。

鶏は朝日連峰の水を飲み、その水で育った草や野菜くず、くず米、米ぬか、学校給食の残り物、等々を朝日連峰の森が作る腐葉土に住む土壌微生物で発酵させて作った自家製餌を食べて大きくなり、タマゴを生む。鶏の糞は発酵させ、有機肥料として田んぼと畑に入れる。朝日連峰の山々が作った水と土と土壌微生物は、発酵鶏糞に姿を変え、田んぼと畑に入る。その田んぼと畑にも朝日連峰の水が到着する。雪と雨と森と土がつくり出す養分がいっぱい詰まった水である。

菅野宅でお世話になったある朝、やけに早く目が覚め、そのまま朝日連峰につながる山道を三〇分ほど登り、引き返して田んぼの畔に腰を下ろし、背中に朝日連峰を背負いながら目の下の鶏舎と一面に広がる田んぼを見渡した。菅野農場は田んぼ四ヘクタールと畑少々、採卵鶏五〇〇から六〇〇羽（当時）だったろうか。昔なら大百姓に入るのだろうが、規模拡大が進むこの地域では中の中あたりに属する。この小さな器に天と地が飲み込まれている、背後の山々に目を転じながら、これはすごいな、と思った。

水と土と微生物が天と地をぐるぐるとまわる。その循環は海底数千メートルから宇宙空間にまで及ぶ。菅野芳秀の百姓空間は、そのぐるぐるまわる天と地を取り込み、天と地と一体になりながら、そこに人と自然をつなぐ百姓仕事を介在させることで独自の世界をつくり出していた。百姓仕事とは目の前にあるもののことだけではない。朝日連峰の雪解け水は大きな溜め池に受け止められ、一帯の田んぼに注がれる。この地に田んぼが拓かれるはるか昔、この水利システムは誕生し、ここに住む百姓衆に代を超えて受け継がれ、守られてきた。菅野芳秀の百姓空間もまたこの流れの末端にあるに過ぎない。天変地異も飢餓も戦乱も乗り越えて百姓が伝えてきた社会の仕組みを彼は「タスキ渡し」と呼ぶ。冒頭、循環と関係性について書いた。水が循環なら、百姓が作り上げた水利システムは関係性にほかならない。

「タスキ渡し」という歴史を貫通する縦軸の思想を得て、菅野芳秀は飛躍する。百姓空間を社会的な空間に転換することを志す。菅野芳秀は三里塚、沖縄とまるで小型ゲバラのように国家への謀反の現場を転戦し、ふるさとの田んぼに戻ってきた。そして近隣の若手百姓とつながり、置賜百姓交流会をともに立ち上げた。三里塚の青年百姓、沖縄の青年漁師、そして置賜の仲間と、横に拡がる世界がそこにはあった。武藤一羊のＰＰ21は、その先にタイ、フィリピン、韓国などアジアに拡がる百姓世界を彼のために用意した。まず取り組んだのは減反拒否、農薬空中散布取りやめ、だった。いずれも国策つまり国家への謀反であり、同時に利害が日常の暮らしと重なる事柄である。村でこの二つに取り組むことの困難さは、都会の人には想像もつかないだろうと思う。

ここで彼はひとつの実践的哲学を獲得する。利益の利と理念の理、利と理を結びつければ何事かを変えることはできない、という思想である。その思想は、自身が住む長井市を有機物が循環する都市に変えようとするレインボープラン（台所と農地を結ぶ）で結実する。レインボープランは単に生ゴミが循環する地域づくりというだけでなく、自身の百姓空間を社会的仕組みに組み替えて地域の自治と自立をつくり出す変革の道筋そのものだった。

そして今、菅野芳秀は三市五町にまたがる置賜地域を農食森水土エネルギー文化の自給圏として再構成しようという大仕事を提起し、器を作り上げた。内実づくりで思い悩む彼に、一つの提案をしている。さまざまの知性、実践者と対話し、あらためて自給の思想を練り上げたらどうか、と。自給の核は天と地を取り込む百姓空間以外にない。それを民衆世界の中にいかに再構成するか。それは必然的に国家からの離脱、脱国家たらざるを得なくなる。天と地を前に国家など邪魔者にすぎないからだ。本人が受け入れるかどうかはわからないが、それを「脱国家農本主義」と呼びたい。この本は「脱国家農本主義」宣言の書だとぼくは受け止めている。

あとがき

コロナは、世界的に人とモノの行き来を停滞させている。我々の生活を組み立てるうえでの必要な資材は世界中に散らばっていて、それらを集めてこなければマスク一つ手に入らない世の中になっていることに今さらながら気づかされる。物事が一国で完結しない。国境の壁を取り払い、人とモノの流れのすべてを自由にしようとしてきた新自由主義がそのことを一層促進してきた。それらの移動にあわせて新型コロナ感染症も運ばれていく。これがまだ、食糧などの流通停止に直結する最悪のシナリオにはなってないが、自給率が三八％の日本であることを考えれば、ずいぶん危うい基盤の上で暮らしていることは間違いない。

また、首都圏への一極集中はウイルス感染に最も弱い構造であることも明らかになった。かねてから「人を大切にしない日本というシステム」と言われ、人間よりも経済重視のあり方が問題視されてきたが、対抗勢力の力が弱く、内部からそれを変えることはなかなか困難で、この国は行くところまで行かないと何も変わらないし変われないと思っていた。

そこにコロナだ。コロナが自給と分散という視点を突き付けている。今までのやり方では明日はやってはいけない。その転換点に立って、今、どのように舵をとるべきか。すでに答えは出ている。求められているのは、農業、食料政策の面で言えば、海外依存ではなく自給であり、生産の集中よりも分散であり、成長ではなく循環と多様性であり、離農を促進する大規模生産ではなく、人々が共に生きるための農業、暮らしていける農業への政策転換だろう。

さて、私は代々続く小さな農家の後継者として生まれた。青年期はここから逃げようとしてきたが、幾多の煩悶の末、ようやく農民となって地域の人たちと共に、逃げずに暮らせる地域を創りたいと今日まで農作業の傍ら地域（づくり）に没頭してきた。

「で、肝心のその成果はどうだったのだ？」と、こんな問いが聞こえてきそうだが、うまい答えが見つからない。ただ言えることは、歩んだ道には到達点など始めからなく、永遠にプロセスが続くだけ。何だか、かなりくたびれそうな道を選んだものだと思う。だけど、今の時点で振り返れば、おおよそ二六歳で決めた通りに歩み続けることができたと思う。それができたのは、その節々で共に歩んでくれる多くの仲間たち、勇気づけてくれる友、力を貸してくれる隣人たちがいたからだ。その人たちと共有したたくさんの時間の中で、励まされ、支えられて歩み続けることができた。温かいモノをいっぱいもらいながらの行程だった。うん、いい行程だったと思う。今、改めてその方々に感謝したい。

過日、私は妻を伴って沖縄を訪れた。それは二〇代から今日まで、私の人生に大きな力を与えてくれた「沖縄」へのお礼の旅だった。

だれ、かれにというのではなく、「沖縄」そのものに……感謝を込めて。

沖縄は温かく迎えてくれた。五〇年前にいただいた「こころざし」はまだまだ途中だ。その示す目

冬。雪の朝日連峰を抱く、子どもの頃から変わらぬ風景。

的に向かってさらに歩み続けよう。改めてこんな気持ちをもつことができた。まだまだ道は続いていく。

今回、機会をいただき、多くの人たちの助けもあって私の歩みをこのような「本」としてまとめることができたが、自分の足跡を書くという気恥ずかしさをいつも感じていた。「自分史」として書くならば、市井の一人でしかない私には始めからその資格はないし、出版する意味もない。私が百姓の七転八倒記を書けるとしたならば、農民であるかどうかを問わず、同じような孤軍奮闘の日々を送っている友人たちに、何らかの連帯のメッセージを伴ったものでなければならず、また同時に私の体験が少しでもその方々のお役に立てること。これがあってはじめてその資格ができ、出版する意味もあるだろうと思ってきた。果たしてそのような一冊になれたかどうかは、今でもまだ心もとない。

現代書館の村井三夫さんからお話をいただき、最初の打ち合わせは二〇一四年。それから今日までの六年余、なかなか筆が進まない私を辛抱強く待っていただいた。初期に背中を押してくれたのは中川緑さん。その後、完成稿までの私の迷走、混乱期にあって、その道案内をしてくれたのは大野和興さんだ。大野さんは私の大切な友人であり、先輩であり、先生でもある。発刊に寄せて、私の気持ちを鼓舞する解説を書いていただいた。文字を打ち込み、形にするうえで、ひとかたならぬお世話になったのはＩＴインストラクターの木村葉子さん。妻はそのとき、その章の最初の読者として、常に率直な感想を述べてくれた。また、最後まで編集の御苦労をお掛けした山木美恵子さんにもお礼を言いたい。この方々の助けがなければ、この本は到底日の目を見ることがなかっただろう。ここに改めて感謝したい。

二〇二一年初秋　菅野芳秀

1991	平成3	42	アジア農民交流センターを仲間と設立。7月1日、「台所と農業をつなぐながい計画」（通称「レインボープラン」）調査委員会が発足し、委員長となる。
1992	平成4	43	3月、快里デザイン研究所の提言書、小冊子『まちに恋して』が長井市長に提出される。11月、長井市農林課に「レインボープラン係」が設けられる。
1995	平成7	46	長井市西根地区の農薬空中散布が中止になる。置賜地方の空中散布も全面的に中止になる。
1996	平成8	47	十二月、レインボープランのコンポストセンターが完成
1997	平成9	48	レインボープランのゴミ収集が開始される。「レインボープラン推進協議会」が発足し、企画開発委員長になる。
2004	平成16	55	レインボープラン推進協議会会長になり、2006年まで務める。「NPO法人レインボープラン市民農場」が設立される。
2005	平成17	56	「NPO法人レインボープラン市民市場　虹の駅」が設立される。
2014	平成26	65	4月、「置賜自給圏構想を考える会」設立総会が開かれる。8月、同会は「一般社団法人　置賜自給圏推進機構」と名称を改め、8つの部会を立ち上げる。
2017	平成29	68	9月6日。脳出血で倒れる。後遺症とし高次脳機能障害の症状が出るが、リハビリに励み45日後に退院。
2021	令和3	72	息子の農作業を手伝いながら、相変わらず農業関係や地域づくりの話をしたり、文章を書いたりの忙しい日々を送っている。

年　表

西暦	元号	年齢	
1949	昭和24	0	山形県西置賜郡西根村(現在の長井市寺泉)に生まれる。
1961	昭和36	12	農業基本法制定。
1968	昭和43	19	明治大学農学部農学科入学。朝日新聞奨学生として働きながらの大学生活が始まる。
1970	昭和45	21	大学３年生になり、農業経済学科に転科。新聞販売店を辞め、週２日建設現場で働くなどして学費・生活費を賄う。
1971	昭和46	22	明治大学、玉川大学、和光大学の「三大学三里塚共闘」を結成し、リーダーとなる。成田空港予定地第一次代執行への抵抗運動で、逮捕・起訴される。約80日間の独房での拘置の後、出所。
1973	昭和48	24	3月、明治大学を卒業。
1974	昭和49	25	労働団体の専従職員として沖縄に駐在する。
1975	昭和50	26	故郷に帰郷し、農民となる。
1976	昭和51	27	三里塚で知り合った女性と結婚。
1977	昭和52	28	コメの第二次生産調整計画が政府から示される。長井市でただ一人減反を拒否し集落で孤立するが、紆余曲折を経て減反を受け入れる。「置賜百姓交流会」が結成される。
1986	昭和61	37	西根集落の13戸で「減農薬米みのり会」を結成。減農薬米栽培に取り組む。10月、フィリピンで開催された「フィリピン小作農民のための国際連帯会議」に置賜百姓塾を代表して参加。タイのバルムーン・カヨタ氏と出会う。帰国後、仲間と共に「日本フィリピン農業農民交流センター」を設立。
1988	昭和63	39	長井市に97人の若者による「まちづくりデザイン会議」が発足。
1989	昭和64／平成1	40	ピープルズ・プラン21世紀の一環で開催された「百姓国際交流会」が置賜地方各地で開催（7月29日～8月2日）され、事務局を務める。
1990	平成2	41	大野和興氏、山下惣一氏らとタイ東北部の農村地帯を訪ねる。長井市に「快里（いいまち）デザイン研究所」が発足し、メンバーになる。

菅野芳秀（かんの　よしひで）

一九四九年、山形県は長井市の山里で生まれる。一九一センチ、一〇〇キロほどある大男。近所では思いのほか気立ては優しいとの評判だ。農業だけで暮らす専業農家。息子と家族で、水田五ヘクタールでコメを作り、健康な玉子を得るため放し飼いのニワトリ一、〇〇〇羽を飼っている。心掛けているのは自然と共生する地域循環農業。また農を基礎とする循環型社会づくりに取り組みながら、求められて話に出向いたり雑文を書いたりで忙しく活動中。

置賜百姓交流会世話人。アジア農民交流センター（AFEC）共同代表。置賜自給圏推進機構共同代表。大正大学客員教授。

著書：『生ゴミはよみがえる』（講談社）、『玉子と土といのちと』（創森社）など。

七転八倒《しちてんばっとう》百姓記《ひゃくしょうき》
――地域を創るタスキ渡し

二〇二一年十月三十一日　第一版第一刷発行

著　者　菅野　芳秀
発行者　菊地　泰博
発行所　株式会社現代書館
東京都千代田区飯田橋三―二―五
郵便番号　102-0072
電　話　03（3221）1321
F A X　03（3262）5906
振　替　00120-3-83725

組　版　具羅夢
印刷所　平河工業社（本文）
東光印刷所（カバー）
製本所　鶴亀製本
装　幀　大森　裕二

校正協力・高梨恵一

 ISBN978-4-7684-5899-0